Thomas Royar · Christine Streit

MATHElino
Kinder begleiten auf mathematischen Entdeckungsreisen

Klett | Kallmeyer

Bibliografische Information der Deutschen Nationalbibliothek
Die Deutsche Nationalbibliothek verzeichnet diese Publikation in der Deutschen Nationalbibliografie; detaillierte bibliografische Daten sind im Internet über http://dnb.d-nb.de abrufbar.

Impressum

Thomas Royar und Christine Streit
MATHElino
Kinder begleiten auf mathematischen Entdeckungsreisen

2. Auflage 2020

Redaktion: Barbara Jung, Berlin
Realisation: Dirk Jäger
Druck: Beltz Grafische Betriebe GmbH, Bad Langensalza
Printed in Germany

ISBN: 978-3-7800-1060-5

THOMAS ROYAR · CHRISTINE STREIT

MATHElino

Kinder begleiten auf mathematischen Entdeckungsreisen

Klett | Kallmeyer

Kapitel 4

Ausblick

Vorwort

Das Spiel ist Spiegel des Lebens, Schlüssel zur Außenwelt
und Mittel zum Wecken der Innenwelt; das Spiel zeigt verschleiert
die Gesetze des Lebens und der Natur.
Das Spiel dieser Zeit ist nicht Spielerei, es hat hohen Ernst und tiefe Bedeutung.
Das Kind soll sich in Ruhe auf das Spielmaterial einlassen können,
sich von dessen Eigenschaft, Qualität faszinieren lassen,
sich intensiv mit dem auseinandersetzen können.
Diese innere Konzentration wird unterstützt durch äußere Forderungen
wie Regeln und Ordnungsstrukturen.
Die Freiheit im kindlichen Spiel entfaltet sich nur im Rahmen
des Gesetzmäßigen, der Vor-Ordnung.

FRIEDRICH FRÖBEL

Dieses Buch ist hervorgegangen aus dem Forschungs- und Entwicklungsprojekt MATHElino an der Pädagogischen Hochschule Freiburg im Breisgau. Hauptakteure sind all die interessierten und neugierigen Kinder, die mit großer Begeisterung mathematisch tätig waren und uns unterstützt haben, MATHElino zu erproben und weiterzuentwickeln.

Besonderer Dank gilt der „Igelgruppe" des Deutsch-Französischen Kindergartens St. Joseph in Breisach und ihren Betreuern und Betreuerinnen sowie allen anderen Kindern, Erziehern und Erzieherinnen, Studierenden der PH Freiburg und Eltern, die sich auf das Abenteuer Mathematik im Kindergarten eingelassen haben.

Einleitung

Kinder begleiten auf ihren mathematischen Entdeckungsreisen – dazu soll das vorliegende Buch motivieren und anregen. Wir hoffen, dass es die Leser dabei unterstützt, sich ohne Berührungsängste mathematischen Fragestellungen und Ideen zu öffnen.

MATHElino bietet Anregungen für alle im Kindergarten vertretenen Altersgruppen. Im Zentrum stehen konkrete Hinweise zu ausgewählten Materialien, deren Einsatz im freien Tun und im angeleiteten Spiel sowie Beobachtungen aus der Praxis vor einem theoretischen Hintergrund. Dabei ist das Konzept offen gegenüber den spezifischen Bedingungen vor Ort und ohne hohen finanziellen Aufwand auch partiell nutzbar.

Immer wieder beklagen Erzieherinnen in Weiterbildungsveranstaltungen, dass sie zwar schöne Anregungen erhalten, ihnen aber eine klare Zielorientierung und eine damit verbundene Systematik fehle, im Hinblick auf die Auswahl von Materialien ebenso wie auf die Planung und Durchführung von Angeboten. Dadurch entstehe mitunter das Gefühl, Aktivitäten verlören sich in Beliebigkeit.

MATHElino versucht – über das situative Aufgreifen von mathematikhaltigen Situationen im Alltag hinaus –, auch Vorschläge für ein kontinuierliches und nachhaltiges Integrieren von Mathematik in den Kindergartenalltag zu liefern. So sollen die Leser in die Lage versetzt werden, das eigene Verhaltensrepertoire bei der Begleitung der Lernprozesse systematisch zu erweitern.

Im **ersten Kapitel** wird an Beispielen gezeigt, dass frühes Lernen von Mathematik und spielerisches Tätigsein keine Gegensätze darstellen.

Im **zweiten Kapitel** geht es um das Ordnen als eine wichtige Grundlage des mathematischen Denkens im Allgemeinen. Die Tätigkeit des Ordnens umfasst viel mehr als das konkrete Tun – sie strukturiert das Denken. Daher spielen die Fähigkeit zur Abstraktion und das Umgehen mit Begriffen in diesem Zusammenhang eine ganz entscheidende Rolle. Darüber hinaus werden auch grundlegende mathematische (Prä-)Konzepte bzw. Vorläuferkompetenzen erläutert.

Im **dritten Kapitel** werden das Konzept „MATHElino" sowie ein Modell zur Kategorisierung von mathematischen Aktivitäten im Kindergarten vorgestellt. Ausgangspunkt ist dabei grundsätzlich der spielerische und entdeckende Umgang mit geeigneten Materialien.

Im **vierten Kapitel** finden sich konkrete Beispiele für den Einsatz im Kindergarten. Zu neun erprobten Materialien liefern wir exemplarisch Beobachtungshinweise, mögliche Fragen und Problemstellungen und machen Vorschläge zu weiterführenden Aufgaben. Dabei handelt es sich um Anregungen, die keinesfalls „exklusiv" zu verstehen sind, sondern sich im Prinzip beliebig erweitern und variieren lassen. Kommentierte Erfahrungsberichte und Situationsbeschreibungen ergänzen den jeweiligen Abschnitt.

Im **Ausblick** schließlich geht es um die Anschlussfähigkeit des Konzeptes für das schulische Lernen. Die Arbeit mit den Materialien ist nicht auf den Kindergarten beschränkt, sondern lässt sich im Grundschulunterricht sinnvoll aufgreifen und weiterführen.

KAPITEL 1

Mathe ist mehr!

Eine ganz normale Wanderung in den Vogesen ...

Ein Herbstausflug in die Südvogesen führte uns durch Kastanienwälder, in denen reife Esskastanien bereits wie kleine Teppiche die Bäume umgaben. Nicht nur die Kinder waren begeistert, auch die Erwachsenen konnten das Sammeln nicht sein lassen. Während anfangs alle Kastanien aufgehoben wurden, begannen wir bald mehr und mehr auszuwählen: die großen ins „Töpfchen", sprich in den Rucksack, die kleinen ins „Kröpfchen", sprich in den Graben. Kinder wie Erwachsene füllten alle möglichen Jackentaschen, bevor die sechsjährige Lena schließlich die klare Anweisung formulierte: Wir müssen in den Rucksäcken Platz für die Kastanien schaffen! Und so wurden im Laufe der Wanderung zwei große 40-Liter-Rucksäcke umgeräumt. Am Ende waren die beiden Rucksäcke sowie eine große Plastiktüte mit Kastanien prall gefüllt.

Schon während der Vesperpause waren die Kastanien Anlass für rege Diskussionen: Was machen wir damit? Wie viele sind das wohl? Wer bekommt wie viele? usw. Schnell war klar, dass die gemeinsamen Aktivitäten an diesem Tag nicht mit der Wanderung enden würden. Die Kinder freuten sich – am Abend sollte es geröstete Kastanien für alle geben.

... ohne mathematischen Hintergedanken – aber mittendrin in der Mathematik!

Bevor der Backofen allerdings zum Einsatz kam, wurde noch so allerhand mit den Kastanien angestellt. Zuhause besetzten die Kinder sofort die Terrasse und verwandelten sie in einen Raum für vielfältige (mathematische) Aktivitäten: Die Rucksäcke wurden mit und ohne Inhalt gewogen, die Kastanien sortiert, gezählt, verteilt und zum Legen von Mustern verwendet.

Mathematikhaltige Situationen wie diese zeigen die Vielfältigkeit der frühen Begegnung mit der abstrakten Welt der Mathematik auf. Und sie führen hin zu der Frage, welchen Stellenwert das frühe Lernen von Mathematik im Kindergarten hat.

In der Diskussion über die internationalen Schulleistungsstudien wird seit einigen Jahren zunehmend auch auf den Stellenwert der vorschulischen Bildung hingewiesen. Die verschiedenen Bildungspläne der Länder (vgl. Infofeld 1, Seite 11) spiegeln recht einheitlich die Auffassung wider, dass der frühe Erwerb elementarer mathematischer Kompetenzen eine Basis für lebenslanges Lernen ist.

Schon lange vor der aktuellen Diskussion schrieb der niederländische Mathematikdidaktiker Hans Freudenthal: „Mathematik ist keine Menge von Wissen, Mathematik ist eine Tätigkeit, eine Verhaltensweise, eine Geistesverfassung (...), die man sich handelnd erwirbt" (Freudenthal 1982) Mit diesem Grundverständnis lässt sich die Mathematik auch ins Spiel bzw. ins freie und kreative Tun – im Kindergartenalltag zentrale Aspekte – integrieren. Man mag das den trockenen Formeln und Beweisen nicht ansehen, aber der Beginn neuer mathematischer Einsichten liegt oft in einer spielerischen und kreativen Auseinandersetzung mit Phänomenen oder Problemen. Dazu sind auch Um- und Irrwege notwendig, denn gerade sie sind es, die Kreativität und Fantasie fördern und so zu den kleinen und großen Entdeckungen innerhalb und außerhalb der Mathematik führen.

Kinder machen bereits in den ersten Lebensjahren vielfältige Erfahrungen mit Raum und Zeit; sie beobachten und erfahren verschiedene Formen und Größen, lernen den Umgang mit Mengen und erschließen die Bedeutung von Zahlen in ihrer Lebenswelt.

Dabei stoßen sie immer auch auf Ähnlichkeiten und Wiederholungen, suchen gezielt danach oder reproduzieren sie selbst. So bilden sich Strukturen und Muster heraus, die die kindliche Orientierung in der Welt zunehmend erleichtern.

Erich Wittmann – ebenfalls Mathematikdidaktiker – bezeichnet das Umgehen mit Mustern gar als ein Leitmotiv von den ersten „Aktivitäten des Kleinkindes bis hin zu den aktuellen Forschungen des mathematischen Spezialisten" (Wittmann 2003). Die Muster darf man sich dabei nicht als etwas Statisches vorstellen, es sind keine Produkte, die sich den Lernenden fertig präsentieren oder ihnen entsprechend angeboten werden sollten. Man muss sie „vielmehr als dynamische Muster verstehen, die im Lernprozess von den Lernenden interaktiv erforscht, fortgesetzt und umgestaltet werden können. Vorbild dabei ist der Forschungsprozess, nicht die fertige Mathematik" (Wittmann 2005).

Muster begegnen Kindern von klein auf und faszinieren sie:

- Bewegungsmuster (z. B. abwechselnd den linken und den rechten Arm schwingen)
- Handlungsmuster und Rituale (z. B. an den Tisch setzen, sich an den Händen greifen, einen Guten-Appetit-Spruch aufsagen, dann gemeinsam essen)
- akustische Muster (z. B. Klatschen: lang-kurz-kurz-lang)
- geometrische Muster (z. B. abwechselnd quadratische und dreieckige Plättchen legen)
- Zahlenmuster (z. B. immer drei rote, dann zwei blaue Perlen)

Kinder betreiben oft auf ganz natürliche Art und Weise Mathematik, sodass diese keineswegs immer künstlich von außen an sie herangetragen werden muss. So wurde beim Sammeln der Kastanien eine Vielzahl von Fragen von den Kindern aufgeworfen, die sie fast von selbst mathematisch tätig werden ließen. Die Rolle der Erwachsenen beschränkt sich dann darauf, die Kinder in ihren individuellen Denk- und Konstruktionsprozessen zu unterstützen, d.h. keine Antworten und Lösungen vorzugeben, sondern an entscheidenden Stellen entsprechende Impulse zu setzen – gemäß der Maxime für Pädagogen, die Maria Montessori aus Kindersicht so formulierte: „Hilf mir, es selbst zu tun!"

Der Zugang zur Welt der Mathematik öffnet sich hier unversehens und ganz situativ. Leider sind solch wunderbaren Erlebnisse nicht immer gegeben. Und nicht jede Alltagssituation ist gleichermaßen mathematisch ergiebig. Daher müssen diese situativen Lernanlässe auch durch organisiertes Lernen in Form von mathematikhaltigen Angeboten ergänzt werden. Es gilt, die natürliche Neugier und das spontane Interesse von Kindern auf spielerische Weise zu nutzen und sie für mathematische Ideen und Themen zu sensibilisieren.

Sven (5 Jahre): *Ich glaube, wir haben hunderttausend oder eine Milliarde Kastanien gesammelt!*
Lisa (8 Jahre): *Das ist doch viel zu viel!*
Erzieherin: *Was glaubst du denn, wie viele es sind?*
Lisa schweigt und überlegt …
Lea (6 Jahre): *Hm, mehr als hundert schon …*

Genau hier setzt dieses Buch an. Erzieher/innen und auch interessierte Eltern sollen Anregungen erhalten, wie sie Kinder in ihrem frühen mathematischen Lernen begleiten können. In diesem Sinne werden wir im Folgenden auch von Lernbegleitern/Lernbegleiterinnen sprechen.

Infofeld 1: Bildungspläne

2004 wurde bundesweit für den Elementarbereich die Einführung von Bildungsplänen beschlossen. Aufgrund der Länderhoheit variiert die inhaltliche Ausarbeitung in den einzelnen Bundesländern sehr stark. Allen gemeinsam ist allerdings die Tatsache, dass die mathematischen Kompetenzen neben den sprachlichen, sozialen usw. zunehmend an Bedeutung gewinnen, wie folgende Auszüge deutlich machen:

Baden-Württemberg, S. 54:
„Beim Forschen und Fragen, beim Untersuchen und Entdecken, beim Ordnen, Vergleichen, Analysieren und Dokumentieren erwerben die Kinder elementare mathematisch-naturwissenschaftliche Kompetenzen."

Bayern, S. 130:
„Über mathematische Inhalte und Gesetzmäßigkeiten können Kinder die Erfahrung von Beständigkeit, Verlässlichkeit und Wiederholbarkeit machen. Diese Erfahrung von Stabilität ist gerade für sozial benachteiligte Kinder wichtig für die eigene psychische Stabilisierung."

Berlin, S. 13:
„Mathematik hilft dem Kind, die Welt zu ordnen, in der Vielfalt der Erfahrungen zu Verallgemeinerungen zu kommen, Begriffe zu finden und Verlässlichkeit zu erfahren."

Hamburg, S. 70:
„Dass die Beschäftigung mit den Ordnungsstrukturen der Mathematik Spaß macht und einen faszinierenden Reiz ausübt, lässt sich bei Kindern aller Entwicklungsstufen beobachten, beispielsweise beim Erkunden von Regelmäßigkeiten und Mustern, von Symmetrien, Reihenfolgen, Wiederholungen oder den Dimensionen von Zeit."

Hessen, S. 65:
„Mathematisches Denken ist Basis für ein lebenslanges Lernen und stellt die Grundlage für Erkenntnisse in Bereichen fast jeder Wissenschaft, der Technik und Wirtschaft dar. Ohne ein mathematisches Grundverständnis ist ein Zurechtkommen im Alltag nicht möglich."

Rheinland-Pfalz, S. 21:
„Kinder stoßen in ihrem Alltag häufig auf Zahlen, Mengen und geometrische Figuren. Durch den spielerischen Umgang mit mathematischen Inhalten kann das natürliche Interesse und die Neugierde der Kinder gefördert werden. Erfahrungen mit mathematischen Zusammenhängen ermöglichen Kindern nachweislich die Erfahrung von Beständigkeit, Kontinuität und Verlässlichkeit."

Sachsen-Anhalt, S. 73:
„Zahlen, Formen, Mengen, Größen und Relationen, Zeit und Raum stehen in Beziehung zu den Phänomenen und Erfahrungen, die Kinder mit ihrer Hilfe strukturieren. Da mathematische Konzepte Kindern helfen, ihre Welt zu strukturieren, geht es immer darum, im täglichen Geschehen mathematische „Spuren" zu suchen."

Schleswig-Holstein, S. 20:
„Kinder im Kindergartenalter haben Freude daran, auf entwicklungsgemäße Weise den Umgang mit Mengen, Zahlen, Größen und Maßeinheiten zu erlernen. Zudem interessieren sie sich für die im Alltagshandeln und Spiel vorkommenden geometrischen Formen. Im Rollenspiel und in täglich wiederkehrenden Handlungen erlangen die Kinder mathematische Fähigkeiten und Grundkenntnisse. Sie können hierbei ihre eigenen Möglichkeiten ausprobieren und mit den vielfältigen mathematischen Gegebenheiten des Alltags experimentierend Erfahrungen sammeln."

Thüringen, S. 99:
„Alle Dinge und Vorgänge in der kindlichen Umgebung sind geeignet, das Interesse an mathematischen Fragestellungen zu initiieren und zu vertiefen. Sowohl Regelmäßigkeiten als auch Unregelmäßigkeiten sind dazu geeignet, die Erkundung von Mustern im mathematischen Sinne zu unterstützen."

KAPITEL 2

Das Ordnen als Grundlage mathematischen Denkens

Was ist eigentlich „Ordnung"? Woher haben wir ein Gespür dafür, was „ordentlich" ist und was chaotisch? Und wie schaffen wir es, Ordnung selbst herzustellen?

Zunächst einmal ist Ordnung ein unwahrscheinlicher Zustand. Unordnung entsteht wie von selbst, Ordnung nicht – jedes Kinderzimmer ist ein wissenschaftliches Labor, in dem diese These täglich neu bestätigt wird. Unordnung erscheint uns zufällig und willkürlich, in einer Ordnung erkennen wir Regeln und Strukturen, die diese Ordnung ausmachen. Dinge sind „an ihrem Platz", man weiß, „wo etwas hingehört" und findet sich wesentlich besser zurecht.

Wie „macht" man Ordnung?

Beim Schaffen von Ordnung werden meist drei Schritte vollzogen:

Der **erste** Schritt ist das Trennen von Figur und Hintergrund und die Identifizierung einzelner Gegenstände aus dem bunten Strauß aller Sinneseindrücke. Erst eine Unterscheidung macht Erkenntnis möglich, denn wo alles eins ist, da ist eigentlich gar nichts.

Der **zweite** Schritt ist das Bilden von neuen Gruppierungen aufgrund einzelner Eigenschaften. Vorher Getrenntes wird jetzt zu größeren Einheiten neu zusammengefügt. Hierbei helfen **Begriffe**, die die Funktion von „Etiketten" auf den „Schubladen" unserer Wahrnehmung übernehmen können.

Der **dritte** Schritt schließlich ist das Herstellen und Finden von Beziehungen zwischen den Gegenständen innerhalb der „Schubladen" und solchen zwischen den „Schubladen" selbst, die zur weiteren Verfeinerung der Ordnung führen.

Ein Beispiel: Auf einem Tisch befinden sich eine Tischdecke, Zeitschriften, eine Blumenvase, Teller, Löffel, Messer, Gabel, Gläser, Servietten und eine Kerze. Diese Gegenstände müssen in der Wahrnehmung zunächst von der Tischplatte und zusätzlich untereinander getrennt werden, um sie überhaupt zu erkennen. Dann kann man sie aber wieder in Gruppen zusammenfassen (nach Nähe, Aussehen, Material, Funktion, Eigenschaften u. a.). Schließlich ist es möglich, zu unterscheiden zwischen „gehört beim Essen auf den Esstisch" und „gehört beim Essen nicht hierhin" – eine Ordnung, die auf Konventionen beruht. Dieses geistige Ordnen geht einem möglichen äußeren Ordnen voran, zum Beispiel dem Wegräumen aller Zeitschriften.

Äußere Ordnung – innere Ordnung

Die Fähigkeit zur Herstellung von Ordnung ist allen Menschen ein Stück weit bereits angeboren, denn erst durch Ordnen der Sinneseindrücke wird Wahrnehmung ermöglicht. Eine zusätzliche äußere Ordnung kann eine innere Ordnung entstehen lassen bzw. verstärken, nämlich dann, wenn die äußere Ordnung dazu beiträgt, die Wahrnehmung zu steuern, zu differenzieren und zu fokussieren.

Durch die äußere Ordnung zur inneren Ordnung gelangen – bereits Maria Montessori betonte die Notwendigkeit der „geordneten" Lernumgebung. Auch Rituale, wie z. B. beim Essen (Hände waschen, hinsetzen, an den Händen fassen, gemeinsamer Essensspruch, in die Hände klatschen, Teller füllen, warten, bis alle zu essen haben …), können hierbei hilfreich sein.

Infofeld 2: Mathematik und Sprache – die Verwendung von Begriffen

Begriffe sind einerseits das Ergebnis von Ordnungsprozessen, können aber auch am Anfang eines solchen Prozesses stehen, dann dienen sie als Eigenschaftsbegriffe dazu, Objekte Gruppen zuzuweisen.

Mit Begriffen werden Gegenstände (dieser Stuhl), Klassen von Gegenständen (Kastanien) oder Beziehungen zwischen ihnen (steht neben) sprachlich bezeichnet. Das Vorstellen von Gegenständen, Handlungen oder Ereignissen, eine ganz wichtige Etappe in der geistigen Entwicklung, gewinnt durch die Verwendung von Begriffen Dynamik und Komplexität. Begriffe stellen zudem auch das wichtigste Werkzeug in der Kommunikation mit anderen dar. Wenn ein Kind den Sinn der Aufforderung „bitte räume die Bauecke auf" verstehen soll, muss es die Begriffe „Bauecke" und „aufräumen" angemessen interpretieren können. Der erste Begriff (Bauecke) bezeichnet einen Ort (den man von anderen Orten unterscheiden kann), der zweite Begriff (aufräumen) eine Beziehung (etwa „jedes Ding an seinen Platz"). Sprache ist ein wesentlicher Aspekt der Teilhabe von Kindern an der Gemeinschaft.

Im Bereich der Mathematik gibt es viele Begriffe, die auch im Alltag verwendet werden oder auf Alltagsbegriffen aufbauen. Mathematische Förderung ist somit immer auch zum Teil sprachliche Förderung und umgekehrt. Wenn der fünfjährige Sven davon spricht, dass wir hunderttausend oder eine Milliarde Kastanien gesammelt haben, dann „probiert" er Begriffe in der Kommunikation aus, auch wenn er diese noch nicht mit konkreten Inhalten füllen kann. Vielmehr drückt er zunächst einmal aus, dass es sehr, sehr viele Kastanien sind, mehr als er sich vorstellen kann.

Ordnung im Handeln und im Denken

Wenn wir handeln, dann tun wir das oft mit einer bestimmten Absicht oder zu einem bestimmten Zweck. Denken und Handeln sind aufeinander bezogen und miteinander verknüpft – eine ständige Wechselwirkung, durch die sich das Kind die Welt mehr und mehr aneignet. Trennung und Re-Integration sind die Mechanismen der Identitätsbildung. Wir können sowohl vor-denken als auch nach-denken und fassen dabei immer Ähnliches zusammen („das ist so wie bei …") oder unterscheiden Bekanntes von Unbekanntem („das kenne ich nicht, man müsste es einmal ausprobieren"). Mit Hilfe unserer Gedanken versuchen wir das, was wir erleben, einzuordnen in das, was wir schon erlebt haben. Anders gesagt, wir versuchen, eine neue Ordnung zu schaffen. Hans Aebli bezeichnet das Denken dementsprechend auch treffend als ein „Ordnen des Tuns".

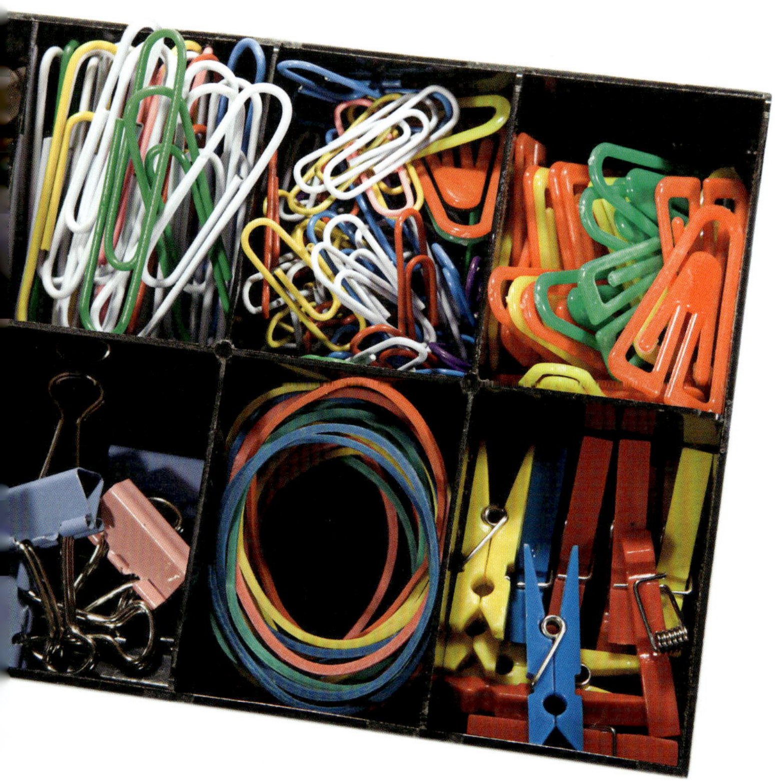

Von dem Mathematiker und Didaktiker Zoltan Dienes stammt folgendes Zitat:

> *Das Lernen von Neuem – und insbesondere das Erlernen von Mathematik – besteht*
> 1. *in der Einteilung der Begebenheiten in Klassen oder Kategorien, so daß jede Begebenheit sofort als einer Klasse oder Kategorie zugehörig oder nicht zugehörig erkannt werden kann;*
> 2. *in dem Gewahrwerden von Beziehungen, die zwischen den gebildeten Klassen oder Kategorien bestehen.*
>
> (Zoltan Dienes, 1967)

Wieso gilt das „insbesondere" für die Mathematik? Was ist Mathematik überhaupt? Sie kann recht gut als **„Ordnen des Denkens"** beschrieben werden, das trifft ihren „Kern" wesentlich besser als die leider weit verbreitete Vorstellung von Mathematik als einer Regelsammlung, die man sich im Laufe der Schulzeit aneignen muss.

„Was ist das, wo gehört es hin und warum?" ist die zentrale Frage jeder ordnenden Tätigkeit; sie ist gleichzeitig auch die wichtigste Frage, die jede mathematische Tätigkeit – vom Zählen bis zur Höheren Mathematik – begleiten sollte: **Mathematisch zu denken bedeutet, ordnend zu denken.**

Das Ordnen macht Beziehungen, die zwischen den realen oder gedanklichen Objekten bestehen, erkennbar – und eröffnet somit den Weg in die Welt der Muster und Strukturen, also letztendlich in die Welt der Mathematik.

Ordnen – aber wie?

Beim Ordnen ist es notwendig, unerhebliche Eigenschaften nicht zu beachten und dafür bestimmte (gemeinsame) Merkmale herauszufiltern, was sehr viel mit der Fähigkeit zur **Abstraktion** zu tun hat. Abstrahieren bedeutet auch, Muster unabhängig von der konkreten Erscheinungsform zu erkennen bzw. durch Strukturieren der Umwelt Muster ordnend zu erzeugen.

Die Tätigkeit des Ordnens im Sinne des Gruppierens von Dingen und des Herstellens von Beziehungen zwischen diesen (Relationen) lässt sich noch etwas präzisieren: Wichtige Rollen spielen das Zusammenfassen nach einem Kriterium (Klassifikation) und das Bilden von Reihenfolgen (Seriation). Für die Zahlbegriffsentwicklung spielen Relationen eine große Rolle: Die Klassifizierung „gleich viel" führt zur Anzahl, die Seriation „eins mehr" zur Zählzahl, die Beziehungen zwischen einer Teilmenge und der Gesamtmenge („Teil-Ganzes-Beziehung") führen zur Integration beider Zahlaspekte.

Infofeld 3: Abstraktion

Dinge können zusammengefasst werden, wenn sie „ähnlich" sind. Ähnlich bedeutet nicht gleich, aber „ungefähr gleich", wenn man entweder nicht so genau hinschaut oder nur einen bestimmten Aspekt der Dinge betrachtet. Etwas „unscharf" oder selektiv zu betrachten, ist eine wesentliche Eigenschaft der menschlichen Wahrnehmung. Die Abstraktion (vom lateinischen „abstrahere" = wegziehen), das „Loslösen" vom unmittelbaren Sinneseindruck, geschieht auf zwei Arten, nämlich als positive und als negative Abstraktion.

Bei der positiven Abstraktion „idealisieren" wir Dinge: Tragen z. B. zwei Personen jeweils eine blaue Jeans und ein gelbes T-Shirt, sagen wir vielleicht „die sind gleich angezogen", ohne dass etwa die Marken und Größen der Kleider identisch sein müssen. Im Bereich der Mathematik werden so z. B. Formen idealisiert, eine Orange gilt als „rund", eine Birne nicht (weshalb es das Wort „birnenförmig" gibt, das Wort „orangenförmig" aber nicht).

Von negativer Abstraktion spricht man, wenn man nur Teilaspekte einer Sache betrachtet. So kann z. B. ein „Badeurlaub" am heimischen Baggersee oder in der Karibik stattfinden, ein „gefährliches Tier" kann der Drache im Märchen genau so sein wie der bissige Hund in der Nachbarschaft oder Zecken als potenzielle Krankheitsüberträger. In der Mathematik wird häufig abstrahiert; so kann sich zum Beispiel das Wort „fünf" auf eine Anzahl, eine Ziffer, eine Nummer oder eine Größe beziehen.

Klassifikation

Klassifikation nennt man den Vorgang, Ähnliches zu Gruppen zusammenzufassen (zu klassieren) und so zu sortieren. Das geschieht häufig auch mit Hilfe der Sprache. Verwendet werden können zum Beispiel Adjektive (groß, blau, schnell, teuer, weich), Substantive (Kinder der Bärengruppe, Bauklötze, Besteck, Geldscheine) aber auch weitergehende Beschreibungen (Dinge, die leicht kaputt gehen; runde, gelbe Holzperlen; Essen, das ich gerne mag). Charakteristisch ist jeweils, dass man für jedes Objekt entscheiden kann oder muss, ob es zu einer Klasse gehört oder nicht. Ist diese Entscheidung schwierig, führt das oft dazu, dass weitere, verfeinerte Klassen gebildet werden.

Riesen sind „groß", Zwerge sind „klein". Aber die große Schwester ist auch „groß", und eine Ameise ist auch „klein". Dann sind Riesen nicht nur groß, sondern riesengroß, und Ameisen nicht nur klein, sondern winzig.

Beim Sammeln von Kastanien wird zunächst vielleicht zwischen Esskastanien und Rosskastanien unterschieden, die Esskastanien in wirklich essbar und nicht mehr essbar (weil zerbrochen, von Maden befallen o. Ä.) und schließlich die essbaren in „wert, mitgenommen zu werden" und „lieber liegen lassen" (weil zu klein, zu platt o. Ä.). Nach dem Auspacken zu Hause werden sie dann ein weiteres Mal „ausgelesen".

Das Zusammenfassen von Mengen mit gleicher Anzahl an Elementen in einer Klasse bildet die Grundlage für den „kardinalen" Zahlaspekt („wie viele?") der natürlichen Zahlen.

Alle Mengen mit der „Mächtigkeit" vier bilden somit eine Klasse. Das können im konkreten Fall 4 Kastanien sein oder 4 Äpfel, 4 Punkte aber auch allgemein 4 Dinge, 4 Lebewesen, usw. Dabei ist es irrelevant, welche Form, Farbe oder Größe die konkreten Elemente dieser Menge haben. Entscheidend ist nur die abstrahierte Vorstellung der Anzahl, nämlich in diesem Fall vier.

Infofeld 4: Invarianz

Als Erwachsene wissen wir ganz gut, dass die Welt nicht immer so ist, wie sie scheint. Wenn wir im Dämmerlicht die Blätter eines Baumes betrachten, so wirken diese vielleicht dunkelgrau, trotzdem wissen wir, dass sie grün sind. Wenn im Bahnhof ein neben uns stehender Zug anfährt, mag es so scheinen, als würde der eigene Zug anfahren. Sehen wir eine Person in der Nähe und eine weitere in größerer Entfernung, wird die erste um ein Vielfaches größer auf unserer Netzhaut abgebildet, trotzdem kommen wir nicht auf die Idee, es mit einem Riesen und einem Zwerg zu tun zu haben.

Kinder müssen solche Zusammenhänge erst lernen. Der berühmte Psychologe Jean Piaget hat diese Entwicklung untersucht und beschrieben. Dass Dinge in ihren Eigenschaften gleich bleiben, auch wenn unsere Wahrnehmung der Dinge sich ändert, hat er als „Invarianz" (invariant = unverändert) bezeichnet. Eine der wichtigsten Entdeckungen ist die, dass sich die Anzahl von Gegenständen nicht verändert, wenn nur die Anordnung der Gegenstände verändert wird.

Ob ein Kind dieses Wissen bereits hat, kann man mit einem einfachen Experiment herausfinden: Legen Sie sechs oder sieben Gegenstände auf einen Tisch und fragen das Kind, ob es Ihnen sagen kann, wie viele das sind. Wenn es zählt und Ihnen die richtige Antwort gibt, bewegen Sie vor den Augen des Kindes zwei oder drei Gegenstände auf dem Tisch an eine andere Position. Danach fragen Sie „und jetzt?". Je nachdem, ob es nun erneut zu zählen beginnt oder Ihnen unmittelbar antwortet „immer noch so viele", hat das Kind den Invarianzbegriff in Bezug auf die Anzahl verinnerlicht.

Verschiedene Mengen der „Mächtigkeit" 4

Seriation

Oft (aber nicht immer) lassen sich Objekte anhand eines Kriteriums in eine sinnvolle Reihenfolge bringen, nämlich dann, wenn man etwas nach Größe, Preis, Anzahl, Dauer o. Ä. „ordnen" kann. Auch im alltäglichen Sprachgebrauch spricht man davon, etwas „nach Größe zu sortieren", und der Begriff „ordnen" wird viel umfassender verwendet. Manchmal werden das Klassifizieren und Herstellen von Serien auch als „sortieren und ordnen" bezeichnet; aufgrund der begrifflichen Unschärfe verwenden wir hier zur Unterscheidung die Fachausdrücke. Im Gespräch mit Kindern muss jedoch nicht darauf geachtet werden, den in diesem Sinne „richtigen" Begriff zu gebrauchen, die Alltagsverwendung der Begriffe ist völlig angemessen.

Charakteristisch für die Seriation ist, dass man ein weiteres Objekt mit entsprechenden Eigenschaften immer an einer bestimmten Stelle einreihen kann. Das ist z. B. der Fall beim Aufstellen der Körperlänge nach, bei Wettbewerben (Rangfolge nach Geschwindigkeit, Weite o. Ä.), beim Stapeln von Bauklötzen oder auch beim Vorgang des Zählens, bei dem jede Zahl ihren bestimmten Platz hat.

Eng mit der Seriation verbunden ist die Verwendung des Komparativs von Adjektiven: schneller, höher, weiter, kleiner, früher, später, leichter … Kastanien können von groß nach klein, von hell nach dunkel und auch im Rahmen eines „Rollwett-

Weitere Invarianzvorstellungen betreffen:

- die Länge: Eine Schnur bleibt gleich lang, auch wenn man sie in Schleifen auslegt.
- den Flächeninhalt: Der Inhalt einer Fläche (z. B. eines Papierblatts) bleibt gleich, auch wenn man sie zerlegt (z. B. zerschneidet) und in anderer Form neu zusammensetzt.
- das Volumen: Eine Flüssigkeitsmenge bleibt unverändert, wenn man sie von einem Gefäß (z. B. einem breiten, flachen) in ein anderes Gefäß (z. B. ein schmales, hohes) umfüllt, auch wenn die Höhe des Flüssigkeitsspiegels sich ändert.
- die Zeit: Eine Minute dauert immer gleich lang, egal was man dabei macht.
- den Geldwert: Ein 5-Cent-Stück ist genau so viel wert wie fünf 1-Cent-Stücke, auch wenn Letzteres mehr Münzen sind.
- das Gewicht: 1 Kilo Zucker wiegt 1 Kilo, ganz gleich, ob man es in einer Dose lagert oder auf mehrere Tütchen verteilt.

Je nach Alter und Entwicklung ist die Invarianzvorstellung bei Kindern auf manchen Gebieten bereits ausgebildet, auf anderen möglicherweise noch nicht.

Bezogen auf die Invarianz von Länge, Flächeninhalt und Volumen lässt sich folgende (fließende) Entwicklungslinie skizzieren: Längeninvarianz ist zumeist vor Flächeninvarianz und Flächeninvarianz vor Volumeninvarianz entwickelt. Dies lässt sich wohl damit erklären, dass bei Längen nur eine, beim Flächeninhalt zwei (Länge und Breite) und beim Volumen gar drei Dimensionen (Länge, Breite und Höhe) berücksichtigt werden müssen.

bewerbs" – etwa auf einer schiefen Ebene von besonders gut nach schlecht oder gar nicht kullernd – geordnet werden.

Außer messbaren Kriterien können natürlich auch individuelle, subjektive Einschätzungen herangezogen werden, wie folgendes Beispiel zeigt:

Am allerallermeisten wünsche ich mir einen Hasen, ganz arg wünsche ich mir einen Roller, und ein neues Bilderbuch wünsche ich mir auch. (Lea, 4 Jahre)

Darüber hinaus ist es aber auch bereits für Kindergartenkinder wichtig zu erkennen, dass es objektive Maßstäbe gibt, um Seriation zu erzeugen.

Die Reihenfolge der Zahlen bildet die Grundlage für den „ordinalen" Zahlaspekt. Die natürlichen Zahlen werden als Ordnungszahlen dazu verwendet, eine Menge zu ordnen, um damit den Rangplatz der Elemente angeben zu können (der oder die Wievielte?). Durch diese Erfahrungen in der Reihenbildung lassen sich auch Relationsaussagen über eine Zahl in Bezug zu anderen Zahlen treffen. Über die Seriation kommt man somit zu Aussagen wie „2 ist der Vorgänger von 3" usw.

Teil-Ganzes-Beziehung

Verschiedene Teile können unter bestimmten Umständen zusammen ein Ganzes mit neuen Eigenschaften bilden, ohne dass die einzelnen Teile darin völlig verschwinden. So lassen sich z. B. mit Legosteinen wunderbare Werke bauen, die größer und bunter als jedes einzelne Teil sind – und trotzdem bleiben die einzelnen Steine mit ihren unterschiedlichen Formen, Farben und Größen erkennbar.

Etwas grundsätzlich Anderes passiert dagegen beim Mischen von Sirup mit Wasser: Hier kann man die „Teile" nicht mehr direkt sehen und sie auch nicht mit einfachen Mitteln wieder in den Ausgangszustand versetzen.

Man kann zu drei Keksen auf einem Teller zwei weitere dazulegen und hat dann fünf Kekse. Zu diesen fünf Keksen gehören aber weiterhin die drei Kekse und die zwei Kekse, die man dazugegeben hat – es sind nicht fünf „neue" Kekse geworden. Wohl aber hat sich die Gesamtzahl der Kekse verändert, und der Teller voll Kekse ist sättigender als ein einzelner Keks. Für das Verständnis von Zahlen ist dieser Zusammenhang von großer Bedeutung.

Dass in der Fünf die Drei und auch die Zwei gewissermaßen „drinstecken", sie aber trotzdem eine eigene, andere Zahl ist, ist nicht so selbstverständlich, wie wir vielleicht annehmen. So kann für manche Kinder die Drei nur ein Wort oder eine Nummer sein, nur ein Bild mit drei Punkten (zum Beispiel auf dem Würfel) oder nur ein Zeichen, das aus drei ausgestreckten und zwei angewinkelten Fingern einer Hand besteht

Das Wissen darüber, dass Zahlen sich immer aus anderen Zahlen zusammensetzen und wie man Zahlen mit Hilfe von anderen Zahlen aufbauen kann, bezeichnet man als **Teil-Ganzes-Konzept**. Das Auf- und Abbauen von Mengen, etwas dazuzutun, wegzunehmen oder zu wiederholen, sind wichtige Tätigkeiten, die später die Grundlage für ein erweitertes Zahlverständnis und das Verständnis von Rechenoperationen bilden („relationaler" Zahlaspekt). Kindern, die später in der Schule Rechenschwierigkeiten haben, fehlen oft diese Erfahrungen bzw. sie können diese nicht mit der Mathematik in Verbindung bringen.

Weitere Relationen

Sowohl bei der Klassifikation als auch bei der Seriation handelt es sich um das Herstellen von Beziehungen zwischen Objekten (Zusammenfassung und In-Reihenfolge-Bringen). Um unsere Welt geistig zu ordnen, stellen wir aber auch noch weitere Beziehungen oder Relationen her. Klassen können selbst zu Objekten werden, die vielfältig miteinander verbunden sind. Auch räumliche Beziehungen (oft bezeichnet durch Präpositionen wie über, unter, neben), funktionelle Bezeichnungen (ist ein Teil von, braucht man um zu ...) und zeitliche Ordnungen (erst Zähneputzen, dann Schlafanzug anziehen, dann Gute-Nacht-Geschichte) strukturieren unsere Wahrnehmung und unseren Alltag. Durch wiederkehrende Bezüge entstehen „Muster", die Orientierung und Sicherheit vermitteln.

Für Kinder sind genau aus diesem Grund Rituale so wichtig: Das Wiedererkennen von Mustern stabilisiert das innere Bild der Welt. Für stabilisierendes Lernen sind Wiederholungen unverzichtbar. Andererseits wird Weiterlernen immer dann ermöglicht, wenn eine Situation zwar einigermaßen „passt" (also nicht ganz fremd ist, was eher Angst auslöst), aber doch auch irgendwie „neu" ist (und so die Neugier weckt). Die Relation „ist so ähnlich wie, aber doch auch anders" ist vielleicht sogar die spannendste und für das Lernen anregendste überhaupt.

KAPITEL 3

Das MATHElino-Konzept

Wie gelingt es, Kinder beim Ordnen ihres Denkens und dem Entwickeln früher mathematischer Konzepte zu unterstützen? Wie kann man sie dazu anregen, Ordnungen – also Muster und Strukturen im weiteren Sinne – zu entdecken und auch darüber nachzudenken?

Wichtige Voraussetzungen dafür sind, dass die Kinder einerseits von Erwachsenen als ernstzunehmende Partner und selbst aktiv Lernende angesehen werden, und andererseits die Erwachsenen als „Experten" eine entsprechend anregende Lernumgebung gestalten. Mathematische Lernanlässe ergeben sich im Kindergarten oft situativ, sie können und sollten aber auch von den Lernbegleitern und Lernbegleiterinnen geschaffen werden.

Im Kindergarten sind Lernanlässe immer an konkrete, sinnlich erfahrbare Phänomene gebunden. Die Mathematik bzw. die mathematischen Ideen selbst sind zwar abstrakt und gerade nicht über unsere Sinne wahrnehmbar, konkret erfahrbar sind jedoch Materialien. Diese regen zu Tätigkeiten des Ordnens an und ermöglichen so den Kindern den Zugang zu mathematischen Ideen und Inhalten.

Kinder beim Ordnen/ Spielen

Alltagsgegenstände können hier ebenso zum Einsatz kommen wie bereits im Kindergarten vorhandene oder einfach bzw. günstig zu beschaffende Materialien. Dazu gehören z. B. Spielwürfel, Seilreste, Bausteine, Plättchen, geometrische Figuren und Körper, Karten oder Messgeräte. Diese sollten idealerweise ihren festen Platz in einem (beweglichen) Schrank, einer Matheecke oder sogar einer „Mathewerkstatt" haben.

Im Rahmen eines von der PH Freiburg unterstützten Forschungs- und Entwicklungsprojektes wurde über einen Zeitraum von zwei Jahren die Praktikabilität mathematischer Lernarrangements im Kindergarten untersucht. Aus dem Wechselspiel von theoretischen Überlegungen und vielfältigen praktischen Erfahrungen entwickelte sich ein offenes Rahmenkonzept, welches den Lernbegleitern und Lernbegleiterinnen in der praktischen Ausgestaltung sehr viel Freiraum lässt. Es lässt sich durch sechs Eckpunkte charakterisieren:

- Alle Kinder werden angeregt, mathematisch tätig zu werden.
- Es gibt sowohl Phasen des individuellen als auch des gemeinsamen Spielens und Lernens.
- Es werden Kommunikationsmöglichkeiten über die Aktivitäten geschaffen.
- In der Arbeit mit geeigneten Materialien machen die Kinder Grunderfahrungen in drei zentralen mathematischen Kernbereichen, nämlich Zahl, Raum und Form sowie Maß.
- Wenn Kinder mathematisch tätig sind, kann sich dies aus einer Anwendungs- bzw. Alltagssituation ergeben, es kann aber auch innermathematisch – in der Struktur – begründet sein. Beide Zugänge bzw. Sichtweisen werden angeregt und aktiv unterstützt.
- Lernen kann durch eigenständige Konstruktion aber auch als Reaktion auf instruierte Handlungen erfolgen. Entsprechend sind verschiedene Methoden erforderlich.
  Eine zentrale Aufgabe der Lernbegleiter/innen ist es, durch gezielte Impulse die Kinder zu eigenen Entdeckungen und forschendem Tun anzuregen.

In diesem Kontext entwickelten wir ein Modell, mit dessen Hilfe sich mathematische Lerngelegenheiten im Kindergarten gut beschreiben lassen. Es bezieht sich vor allem auf die drei letztgenannten Punkte des Rahmenkonzepts. Das Modell kann eine Orientierungshilfe darstellen, um das eigene pädagogische und didaktische Handeln begründbar zu machen, es an Zielperspektiven zu koppeln und Beliebigkeit zu vermeiden.

Eine ausführliche Darstellung und zahlreiche Beispiele folgen auf den nächsten Seiten.

Rahmenkonzept: KSM-Modell und Umsetzungsvorschläge

Praktische Ausgestaltung durch die Lernbegleiter/innen
Kernbereiche, Sichtweisen, Methoden

Grundlegende Annahmen sind:

- ein weiteres Bild von Mathematik, nämlich als Wissenschaft von den „Mustern und Strukturen"
- die Vorstellung vom aktiv lernenden Kind, das selbsttätig Muster und Strukturen entdeckt und erforscht

Das KSM-Modell zur Kategorisierung mathematikhaltiger Lernanlässe im Kindergarten

Das Modell basiert zum einen auf einem erweiterten Verständnis der Mathematik als „Wissenschaft von den Mustern und Strukturen", zum anderen auf der Vorstellung vom aktiv lernenden Kind, das selbsttätig Muster und Strukturen entdeckt und erforscht. Die Abkürzung KSM steht dabei für **K**ernbereiche, **S**ichtweisen und **M**ethoden – die drei zentralen Aspekte für die praktische Ausgestaltung des Modells durch die Lernbegleiter/innen.

Diese Kernbereiche finden sich in den Bildungsplänen wieder, auch international, so zum Beispiel in den Standards und Prinzipien für Mathematik in der Schule der US-amerikanischen NCTM (National Council of Teachers of Mathematics) oder im schweizerischen Projekt HarmoS (interkantonale Vereinbarung über die Harmonisierung der obligatorischen Schule). Beide weisen Standards vom Elementarbereich bis zur Sekundarstufe II aus.

In den Standards wird häufig von „Leitideen" gesprochen, die untereinander vielfältige Vernetzungsmöglichkeiten aufweisen. Die Kernbereiche lassen sich auch als die von uns ausgewählten drei wichtigsten „Leitideen" verstehen.

Kernbereiche – Zahl, Maß und Raum/Form

Die Materialien und die damit angeregten Auseinandersetzungen mit mathematischen Motiven lassen sich drei mathematischen Kernbereichen, nämlich Zahl, Maß sowie Raum und Form, zuordnen.

Sichtweisen: Anwendung und Struktur

Die durch die Materialien initiierten oder sich situativ ergebenden Lernanlässe lassen sich unter zwei Aspekten betrachten, die mit den Begriffen „Anwendungsorientierung“ und „Strukturorientierung“ bezeichnet sind.

Die **Anwendungsorientierung** verbindet mathematische Inhalte und Ideen mit für die Kinder bedeutsamen (Alltags-)Situationen und Kontexten. So wird einerseits das Alltagswissen der Kinder zur Darstellung und Erschließung mathematischer Ideen verwendet, gleichzeitig helfen mathematische Ideen bei der Erschließung der Wirklichkeit.

Die **Strukturorientierung** zielt auf das Finden und Beschreiben von Gesetzmäßigkeiten und Beziehungen – eine ganz zentrale mathematische Aktivität – ab. Hier geht es um die Struktur an sich, um allgemeine Muster wie Symmetrie, Analogie, Wiederholung, Harmonisierung, Wachstum u. Ä.

Für den Kindergarten lässt sich dies so darstellen, dass Mathematik einerseits im Alltag „präsent“ erscheint, andererseits als geistiges Konstrukt auch und gerade auf der Fähigkeit beruht, sich von Anwendungen zu lösen, das heißt, sie kann in sich selbst sinnstiftend sein.

Eine Tüte mit Gummibärchen kann zu einem mathematischen Lernanlass werden: Man kann die Anzahl der Gummibärchen in der Tüte schätzen und bestimmen, die Teilmengen der roten, grünen etc. näher betrachten, Gummibärchen gerecht an eine bestimmte Anzahl Kinder verteilen usw.

All diese Aktivitäten lassen sich nun unter dem Schwerpunkt der Anwendungsorientierung oder der Strukturorientierung betrachten. Das Verteilungsproblem – nämlich wie geht man vor, um eine bestimmte Anzahl an Gummibärchen „gerecht“ an

eine bestimmte Anzahl von Kindern zu verteilen (evtl. auch noch unter Berücksichtigung der Farben) – ist zunächst eine eher anwendungsorientierte Lernsituation. Wenn nun aber das Kind plötzlich beginnt, alle Gummibärchen nach Farben sortiert in Zehnerreihen oder in Rechtecksdarstellung zu legen, um die Gesamtanzahl zu bestimmen oder symmetrische Muster damit erzeugt, dann agiert das Kind zwar mit vertrauten Alltagsmaterialien, es stehen jetzt aber nicht mehr die Gummibärchen an sich, sondern „Strukturen“ im Mittelpunkt.

Beides, Anwendung und Struktur, ist wichtig, trägt es doch zu einem vertieften Verständnis von mathematischen Beziehungen bei und wirkt somit dem Aufbau einseitig „trägen“ Wissens entgegen. Bei dem im Vorschulbereich oft praktizierten „Situationsansatz“ spielen anwendungsorientierte Fragen naturgemäß eine größere Rolle: Dabei soll der Alltag in und um den Kindergarten Lernen in „realen Situationen“ ermöglichen. Alltägliche Situationen und Themen können so „Schlüsselsituationen“ werden, die in sich das Potenzial bergen, auf exemplarische Weise Kinder auf das Leben vorzubereiten. Die Lernbegleiter/innen sollen dabei die Lernmotivation der Kinder aufgreifen und die Themen gemeinsam mit den Kindern ermitteln.

In unserem Ansatz spielt das Aufgreifen von Alltagssituationen ebenfalls eine wesentliche Rolle. Durch den gezielten und teils auch instruierten Einsatz von Materialien wird aber zusätzlich auch die Stukturorientierung betont.

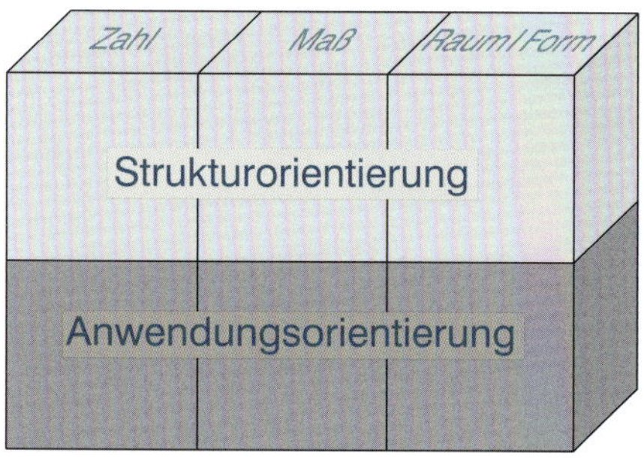

Methodische Zugänge

Im Kindergarten sind bereits unterschiedliche Methoden etabliert. Daher ist es sinnvoll, deren Potenzial auch für mathematische Bildungsinhalte zu nutzen.

Zu unterscheiden sind hier **ungelenktes Freispiel**, **Anregungen durch pädagogische Arrangements bzw. Angebote** sowie **angeleitete Aufgaben**. Damit soll die Balance zwischen (freier) Konstruktion und (steuernder) Instruktion gewahrt werden, denn genau diese Balance eröffnet Möglichkeiten zum Erwerb anwendbaren Wissens, das die Kinder auf ihrem weiteren Lernweg nutzen können, um ihren Horizont beständig zu erweitern.

Natürlich finden Kinder oft Anregungen zu mathematischen Aktivitäten in ihrer Umwelt, ohne dass sich Erwachsene dazu einmischen müssten. Allerdings sind hier große Unterschiede zwischen den einzelnen Kindern festzustellen: Manche werden von sich aus mathematisch tätig, andere profitieren stärker von Impulsen oder ganz gezielten Angeboten.

Dem Kindergarten und den in ihm tätigen Erwachsenen fällt daher die Rolle zu, sowohl eine anregende Umgebung zu schaffen als auch – im Sinne eines dialogischen Begleitens – die Kinder in ihrer Welterschließung zu beobachten und gezielt zu unterstützen.

Hierzu reicht das Spektrum möglicher Strategien von der reinen Beobachtung in offenen Situationen über dosierte Anregungen und stärker strukturierte Anleitungen bis hin zu gezielten Diagnose- und Fördermaßnahmen in einzelnen Fällen.

Beispiel für eine offene Situation:
Die Kinder bauen mit Lego. Plötzlich verkündet Lea: *Ich baue heute nur mit den blauen Steinen.* Darauf Robin: *Dann kannst du aber kein Haus bauen.*

In einer solchen Situation können die Lernbegleiter/innen als Dialogpartner hinzutreten. Dabei geben sie keine Anleitungen, sondern helfen den Kindern, ihre Überlegungen darzustellen und Gedanken zu klären. *Wieso denkst du, das geht nicht?* Vielleicht antwortet Robin, dass es kein ganz blaues Haus gibt, vielleicht stellt er fest, dass die seiner Meinung nach notwendigen „Ziegel"-Bausteine nicht blau sind, oder er meint, dass es zu wenig blaue Steine gibt – alles Ansätze zu weiteren mathematischen Betrachtungen.

Alternativ lassen sich auch **weitere Impulse** setzen – von offenen Anregungen bis zu gezielten Fragen:

Dann baut doch mal Lea nur mit den blauen ein Haus und Robin mit den anderen, und wir vergleichen die Häuser miteinander.
Von welcher Farbe sind die meisten Steine da?
Könnt ihr das herausfinden? Wie?

Das KSM-Modell in Beispielen

Die aufgeführten Kategorisierungsmerkmale lassen sich im dreidimensionalen Quadermodell gut veranschaulichen, konkrete Beispiele dann einem bestimmten Würfel innerhalb des Quaders zuordnen. Somit lässt sich im Prinzip jede mathematikhaltige Situation, jeder geplante Einsatz von Materialien im Kindergarten mit diesem Modell erfassen.

Beispiel 1:
Die bereits erwähnte Verteilsituation der Gummibärchen ist dem **Kernbereich Zahl** zugeordnet. Sie umfasst eine für die Kinder durchaus relevante Alltagssituation, ist also **anwendungsorientiert**. Der methodische Zugang kann eine gezielte Aufforderung zum gerechten Verteilen sein (**instruiert**), könnte sich aber auch **frei** aus der Situation heraus entwickeln. Ein Kind bringt zum Beispiel an seinem Geburtstag eine solche Tüte mit und möchte den

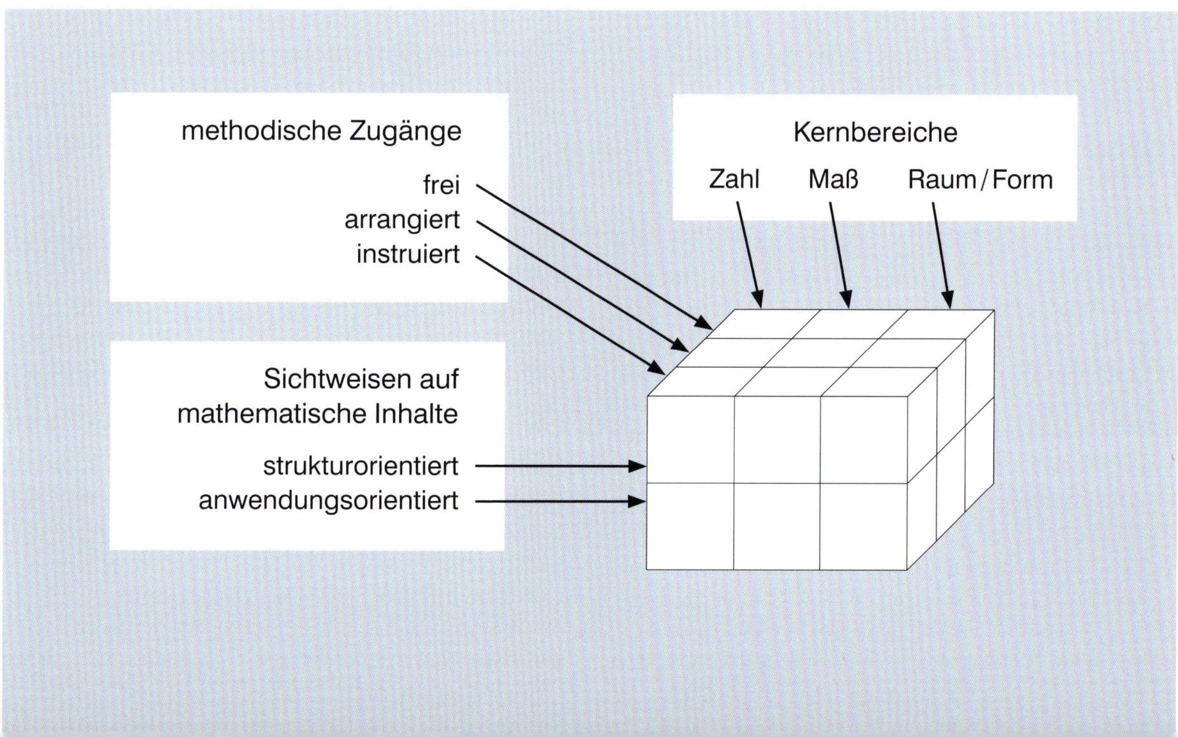

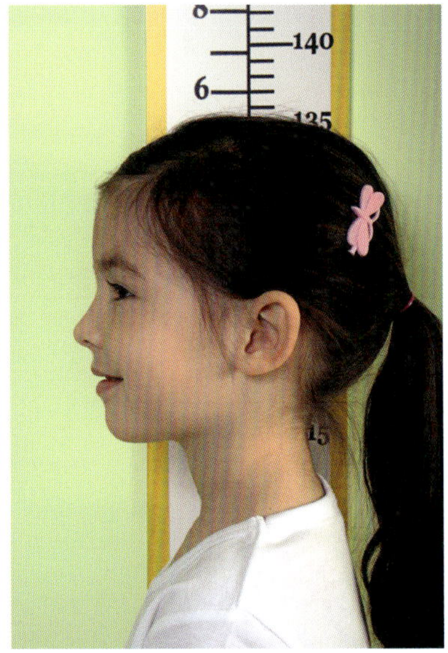

Beispiel 1, 2 und 3

Inhalt gerecht verteilen. Schließlich kann auch eine **arrangierte** Handlung (z. B. Planung eines Kindergeburtstages) zur Frage der Verteilung von Gummibärchen führen.

Beispiel 2:
Der Einsatz von Einheitswürfeln aus Holz zeigt die Tätigkeiten der Kinder im Umgang mit gleichem Material in großer Menge. Dieser Ansatz aus der Freinet-Pädagogik, der von Kerensa Lee weiterentwickelt und in der Praxis vielfältig erprobt und dokumentiert wurde, ist methodisch zunächst dem **arrangierten** Einsatz von Materialien ohne gezielte Instruktionen zuzuordnen. Inhaltlich befinden wir uns bei diesem Beispiel im **Kernbereich Raum und Form**, wobei sich natürlich auch andere mathematische Themen ergeben können. Im Umgang mit den Materialien spielt die Anordnung der Holzwürfel und damit die **Struktur** eine wichtige Rolle.

Beispiel 3:
Eine **anwendungsorientierte** Tätigkeit aus dem **Kernbereich Maß** ist zu beobachten, wenn sich ein Kind an eine im Zimmer aufgehängte Messlatte stellt, um herauszufinden, wie groß es schon ist oder wenn es bei den Großeltern im Keller zu dem Strich läuft, der seine Größe beim letzten Besuch dokumentiert. Schon das Anbringen der Messlatte lässt sich als **Arrangement** begreifen – was zeigt, dass die Grenzen zwischen freiem und arrangiertem Zugang fließend sind. Viele „mathematische Situationen" werden im Kindergarten stattfinden, ohne dass es „besonderer" Materialien oder Arrangements bedarf.

Die Beispiele auf den Praxisseiten können jeweils Kernbereichen (Zahl, Maß, Raum und Form), Sichtweisen (anwendungsorientiert und strukturorientiert) und methodischen Zugängen (frei, arrangiert, instruiert) zugeordnet werden. Diese Zuordnung dient der Orientierung und kann behilflich dabei sein, Einseitigkeiten zu erkennen und zu vermeiden. Um sich über Kernbereiche und methodische Zugänge einen raschen Überblick verschaffen zu können, sind diese grafisch ergänzt. Unsere Beispiele betonen den Aspekt der Strukturorientierung. Aus Gestaltungsgründen sind daher die Sichtweisen nicht differenziert, sodass der Quader im Praxisteil nur aus neun statt 18 Würfeln besteht.

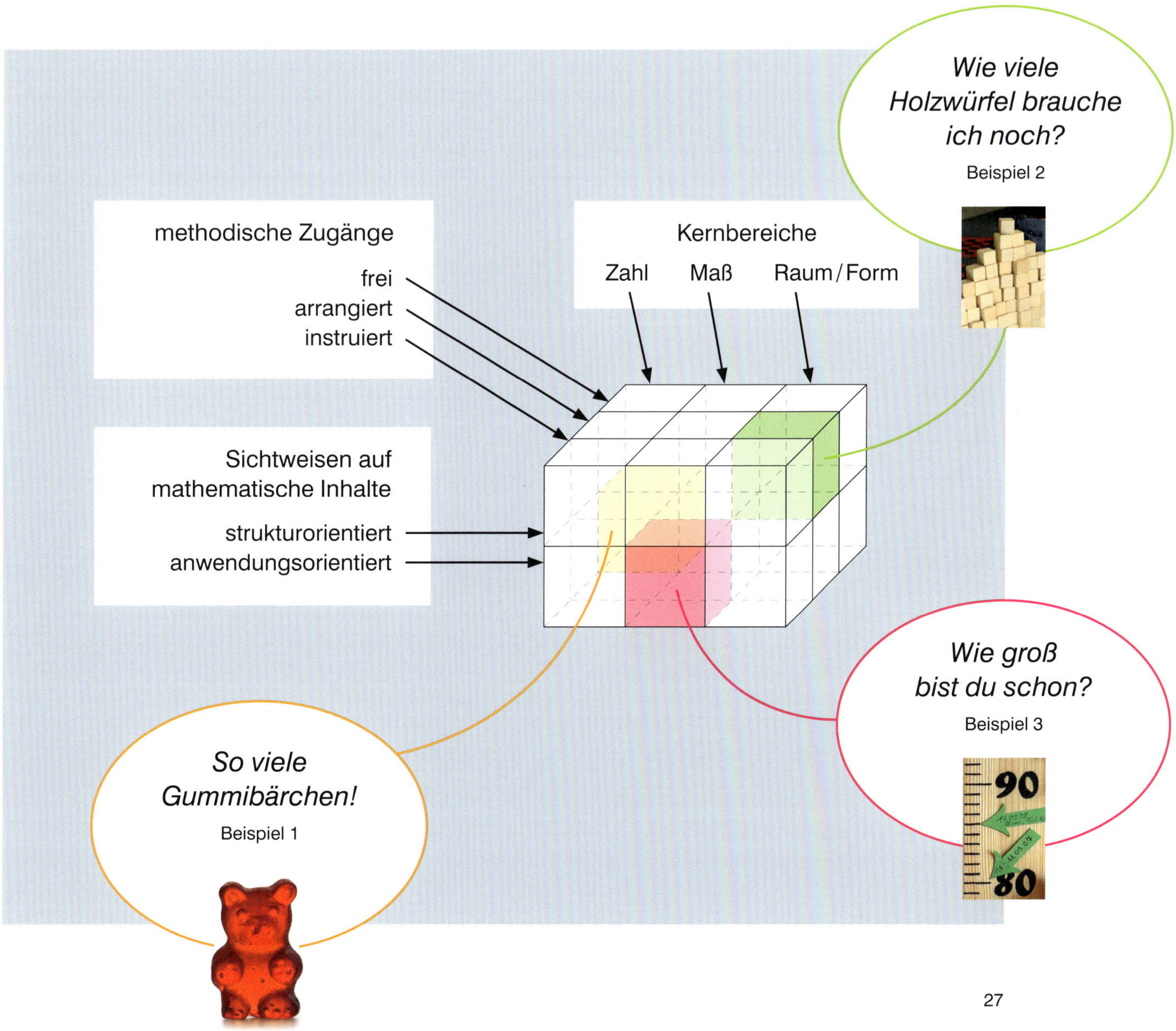

KAPITEL 4
MATHElino konkret

Einführung

Dieses Kapitel liefert konkrete Vorschläge zur Umsetzung des beschriebenen Konzeptes. Dabei stellen wir neun verschiedene Materialien vor, die alle im Kindergarten erprobt wurden. Sie sind jeweils einem Kernbereich zugeordnet, der im Reiter auf der rechten Seite vermerkt ist. Dennoch ergeben sich aus jedem Material natürlich auch mathematische Ideen und Fragestellungen, die andere Leitideen tangieren. Diese Überschneidungen und Vernetzungen mit anderen Kernbereichen bzw. Themen werden in den Vorschlägen zur Beobachtung und zur Instruktion integriert und mit einem Symbol kenntlich gemacht.

Die hier vorgestellte Auswahl umfasst neben „Einfach-" und Alltagsmaterialien (z. B. Muggelsteine oder Spielwürfel) auch didaktische Materialien, die sonst eher in der Schule zum Einsatz kommen (z. B. das Geobrett). So soll die große Bandbreite an potenziellen Materialien deutlich werden. Weitere erprobte Materialien finden Sie in der Materialliste.

Vielleicht lässt sich im Kindergarten eine „Matheecke" oder sogar ein eigener Raum als „Mathewerkstatt" einrichten, in der die Kinder jederzeit sowohl frei als auch angeleitet bzw. durch gezielte Aufgaben mit den Materialien arbeiten können.

In geschlossenen Gruppen hat sich folgendes methodische Vorgehen erfolgreich etabliert: Jeweils ein Material wurde vorgestellt und den Kindern Gelegenheit gegeben, es in der Gruppe gemeinsam kennenzulernen. Anschließend stand das Material zur freien Verfügung. Die Kinder konnten in den Phasen des Freispiels jederzeit in der Matheecke darauf zurückgreifen. Darüber hinaus gab es gezielte Instruktionen, teilweise spontan in der Interaktion mit dem einzelnen Kind oder mit kleinen Gruppen von Kindern. Teilweise erfolgten geplante Interventionen in Form von konkreten Aufgaben oder Problemstellungen.

Zu allen Materialien finden Sie Anregungen, Hinweise und Beispiele:

- Auf den **grün unterlegten Seiten** („**Vorschläge zur Beobachtung**") finden Sie Hinweise, was Sie vor allem in den Phasen des freien Tuns beobachten können bzw. worauf Sie achten sollten. Dadurch erhalten Sie auch wieder Anregungen für gezielte Impulse.
- Die **blau unterlegten Seiten** („**Instruktion durch Impulse**") enthalten Vorschläge zur Frage: Welche Anregungen kann ich geben?
- Auf den **gelb unterlegten Seiten** („**Aus der Praxis**") berichten wir über unsere alltäglichen Erfahrungen mit dem jeweiligen Material. Zusätzlich finden sich noch kommentierte Beispiele mit Anbindung an das KSM-Modell.

Die Materialien sollten im Kindergarten grundsätzlich in größeren Mengen verfügbar sein.

Vorschläge zur Beobachtung

Allgemeine Hinweise

Die Beobachtungen dienen dazu, die Interessen, Bedürfnisse und Fähigkeiten der Kinder kennenzulernen. Dies geschieht einerseits dadurch, dass die Lernbegleiter/innen die Kinder generell in ihrem Alltag aufmerksam wahrnehmen, andererseits aber auch dadurch, dass sie sie gezielt und eventuell auch systematisch in mathematikhaltigen Situationen beobachten.

Beobachtungen zu den Tätigkeiten des Kindes oder einer Gruppe von Kindern

- Was macht das Kind mit dem Material? Verändert sich das Tun im Laufe der Zeit? Inwiefern?
- Gibt es Materialien, die das Kind eindeutig bevorzugt? Wie zeigt sich dies?
- Beschäftigt sich das Kind aus eigenem Antrieb mit dem Material oder muss es dazu aufgefordert werden?
- Wie lange bzw. wie ausdauernd beschäftigt sich das Kind mit dem Material?
- Welche Ideen entwickelt das Kind im freien Umgang mit dem Material?
- Arbeitet das Kind bevorzugt allein oder lieber mit einem oder mehreren Partnern bzw. Partnerinnen? Ist dies je nach Material oder methodischem Zugang unterschiedlich? Wenn es eine „Zusammenarbeit" gibt, wie sieht diese aus?
- Beobachtet das Kind andere Kinder? Lässt es sich von den Ideen der anderen Kinder inspirieren bzw. übernimmt es diese? Oder ist es eher der Entwickler von Ideen, welche andere dann übernehmen?

Beobachtungen sind eine ganz wichtige Grundlage, um die Lernprozesse eines Kindes zu dokumentieren. Wir empfehlen daher, diese Beobachtungen auch zu verschriftlichen.

Diese Aufmerksamkeit gilt natürlich nicht nur für die Phasen des freien Tuns. Beobachten Sie auch in den angeleiteten Phasen, z.B. wie das Kind mit Impulsen bzw. konkreten Arbeitsaufträgen umgeht. Interessant ist auch zu beobachten, ob sich Unterschiede hinsichtlich der Motivation bzgl. Konstruktion („freies Arbeiten") und Instruktion („angeleitetes Arbeiten") zeigen.

Die Beobachtungshinweise bei den einzelnen Materialien dienen vor allem dazu zu erfassen, was die Kinder mit dem jeweiligen Material machen; dies kann wiederum die Grundlage sein für weitere Impulse und somit für ko-konstruktive Lernprozesse (Lernen durch interaktives Erarbeiten von Problemlösungen). Ebenso können Sie die Produkte der Kinder zum Anlass nehmen, mit ihnen darüber zu sprechen, Ordnungsprinzipien zu verbalisieren und Konstruktionsprozesse zu reflektieren.

Wenn Sie die Kinder über längere Zeit im freien Umgang mit den Materialien beobachten, werden Sie feststellen, dass bei den meisten Kindern ein Wechsel vom gegenständlichen, fantasiebestimmten Bauen und Gestalten zum strukturbestimmten Tätigsein und umgekehrt stattfindet. Mal dominiert das eine, mal das andere. Mitunter erfolgt der Wechsel abrupt, dann wieder fließend.

Lassen Sie die Kinder gewähren, unterstützen Sie sie in mathematikhaltigen Situationen durch geeignete Impulsfragen, erzwingen Sie aber keinen Wechsel zur „strukturorientierten" Sichtweise, wenn das Kind gerade mit den Materialien gegenständlich baut und ins Spiel versunken ist.

Instruktion durch Impulse

Das Beobachten dient dazu, die Fähigkeiten des Kindes einzuschätzen sowie die aktuellen Lerninteressen und die individuellen Lernwege kennenzulernen. Um Kindern gewissermaßen „eine Brücke" vom vorhandenen Wissen und Können zu neuen Erfahrungen und Erkenntnissen zu bauen, müssen Impulse für nächste Lernschritte gegeben werden, die sie herausfordern und ihr Interesse wecken. Das Initiieren kognitiver Konflikte ist hier ebenso dienlich wie konkrete Problemstellungen. Die Kinder werden zum Nachdenken und Nachfragen angeregt, Lösungen nicht vorweggenommen, sondern im Gespräch mit anderen Kindern und den Lernbegleitern und Lernbegleiterinnen diskutiert. So entwickelt sich ein ko-konstruktiver Lernprozess.

Unterstützend für solche Reflexionsprozesse und gleichzeitig Ausgangspunkt für neue Fragestellungen können Eigendokumentationen der Kinder sein: Fordern Sie die Kinder auf, ihre „Bauwerke" etc. mit Papier und Stiften im Bild festzuhalten.

Die Beispiele auf den Seiten „Instruktion durch Impulse" können den Kindern als eigenständige Aufgabe gegeben werden, sie können aber auch als Ideensammlung für weiterführende Fragestellungen innerhalb eines situativen Lernprozesses dienen.

Daneben gibt es auch komplexere und anspruchsvollere Aufgabenstellungen, die sich besonders eignen, um die Kinder zum kooperativen Lösen eines Problems herauszufordern. Diese Aufgaben sind durch einen Knoten gekennzeichnet.

Aus der Praxis

Hier geben wir unsere Erfahrungen aus der Arbeit mit den Kindern weiter. Dazu haben wir den Umgang mit den Materialien unter folgenden Aspekten beobachtet:

- Wird das Material nie / manchmal / häufig in der Phase des „freien Tuns" ausgewählt?
- Eignet sich das Material eher zur eigenen Konstruktion der Kinder oder entfaltet es sein Potenzial eher im Zusammenhang mit Instruktion durch Erwachsene?
- Wie hoch ist der Aufforderungscharakter des Materials?
- Wie vielseitig ist das Material? (Bezug zu anderen Kernbereichen, weiterführende Aufgaben, Fragen und Probleme usw.)

Außerdem finden Sie bei ausgewählten Materialien Hinweise, welche Begriffe für die Versprachlichung der Handlungen dienlich sein können.

Über alle Materialien hinweg haben wir festgestellt, dass in Phasen des freien Tuns die Kinder häufiger allein gearbeitet haben, während Kooperationsprozesse eher zu beobachten waren, wenn die Kinder mit einer konkreten Aufgabenstellung konfrontiert wurden. Ergänzt wird dieser Abschnitt durch kommentierte Beispiele aus unserer Arbeit mit den Vorschulkindern. Zur Orientierung bzw. besseren Planung sind diese Beispiele in Anlehnung an das KSM-Quadermodell jeweils den Kernbereichen und den methodischen Zugängen zugeordnet.

Farbige Spielwürfel

Vorschläge zur Beobachtung

Zahl

Bauen

- Welche Produkte entstehen? Gegenständliche „Alltagsobjekte" oder Gebilde, bei denen die Struktur eine wichtige Rolle spielt? (Bsp. Pyramide: unten 3 mal 3 rote Würfel, dann 2 mal 2 gelbe und ganz oben ein blauer Würfel)
- Entstehen zwei- oder dreidimensionale Objekte?
- Können die Kinder die Objekte benennen bzw. beschreiben?
- Welche mathematischen „Ideen" (z. B. die Symmetrie) werden dabei erkennbar oder für das Kind zum konstruierenden Element (z. B. das Erzeugen der „Mitte" bei einem Treppenturm)?
- Wie geht das Kind beim Bauen vor? Verwendet es die Würfel als reines „Baumaterial", oder spielen sie in ihrer Funktion und Gestalt eine Rolle? Wird also z. B. unter Berücksichtigung der Punktemuster/Farbe gebaut?

Ordnung schaffen

- Sortiert das Kind nach Farben? Oder nach Anzahl der Punkte? (Klassifikation)
- Werden Reihenfolgen erzeugt? Welcher Art sind diese: Augenzahlenfolgen, Türme unterschiedlicher Höhe oder andere? (Seriation)

Würfeln: Zahlbilder erfassen

- Werden die Würfelbilder als „Gestalt" erkannt oder zählt das Kind die Punkte ab?
- Werden die Augen aus mehreren Würfen zusammengefasst? Wie geht das Kind dabei vor? Zählt es die Punkte einzeln ab oder verfügt es schon über nichtzählende Strategien, wie Verdoppeln etc.?
- Werden Würfelergebnisse mit anderen Tätigkeiten in Bezug gesetzt (z. B. so viele Schritte mit einer Spielfigur ziehen, so oft hüpfen, so viele Kinder)?

Ordnung schaffen

- Legen Sie mindestens 50 farbige Spielwürfel vor den Kindern aus:
- *Hier ist alles durcheinander geraten. Kannst du Ordnung schaffen?*
  Dabei können Sie die Kinder zusätzlich darauf hinweisen, dass die Würfel nicht gedreht, die oben liegenden Würfelbilder also beibehalten werden.

Würfeln

- Ermutigen Sie die Kinder zum Würfeln mit zwei (oder mehr) Würfeln gleichzeitig.
  - *Welcher Würfel zeigt die kleinste oder größte Punktezahl?*
  - *Welche Zahl hast du insgesamt gewürfelt?*
  - *Welche Möglichkeiten gibt es, insgesamt 7 (8, 9, 10, 11, 12) zu würfeln?*
- Würfeln Sie – ohne dass die Kinder dies sehen – mit zwei Würfeln und nennen Sie die Summe sowie die Augenzahl des einen Würfels.
  Welche Augenzahl zeigt der zweite Würfel?
- Das „Spiel“ können Sie auch mit drei Würfeln durchführen, wenn Sie merken, dass es für die Kinder mit zwei Würfeln langweilig wird.
- *Ihr dürft mir jetzt Fragen stellen, um herauszufinden, welche Zahlen ich gewürfelt habe, z. B.: Hast du zwei gleiche Augenzahlen gewürfelt? Ist eine Zahl größer als 4 dabei?* (Nicht fragen darf man: *Ist es die 2 oder die 5?*) Falls das Fragen die Kinder noch überfordert, können Sie selbst (oder ein älteres Kind) Ihren Wurf beschreiben, z. B.: *Ich habe zwei gleiche Zahlen gewürfelt, es ist eine 3 dabei* usw.

- Würfeln Sie versteckt mit zwei (evtl. drei) Würfeln und nennen Sie die Summe der Augenzahlen: *Findest du durch Fragen heraus, welche Zahlen ich gewürfelt habe?*

Zahlenbilder

Hier ist Zusatzmaterial notwenig. Legen Sie Papier und Stifte bereit. Mit Plättchen, Kieselsteinen o. Ä. können die Kinder weitere Zahlbilder legen.

- *Kannst du die Würfelbilder nachlegen oder abmalen?*
- *Kannst du die Zahlenbilder bis 10 fortsetzen (malen oder legen)?*
- *Versuche, eigene Zahlbilder mit Kieselsteinen zu legen.*
  Hinweis: Bei dieser Aufgabe können Sie gut beobachten, wie das Kind dabei vorgeht: Legt es im Sinne des Teil-Ganzes-Konzepts die Zahl oder eine Zusammensetzung aus anderen Zahlen (oben 2, in der Mitte 1 und unten noch mal 1), oder legt es die Zahlen eher linear und zählt die Steine immer wieder ab?

Messen

- *Wie viele Würfel haben Platz …* auf einem quadratischen / rechteckigen Brett, in verschiedenen Dosen, Schachteln usw.?
- Erstellen Sie aus Pappe oder Papier Rechtecke mit unterschiedlichen Längen und Breiten: *Für welches Rechteck benötigst du die wenigsten / die meisten Würfel zum Auslegen?*
- Auch Schachteln – am besten Verpackungsmaterial – mit unterschiedlichen Breiten, Höhen, Tiefen können hier zum Einsatz kommen: *In welche Schachtel passen die meisten / wenigsten Würfel hinein?*

Bauen und Legen

- Bauen Sie in der Ebene oder im Raum mit den Würfeln nach bestimmten Regeln (Zahlen- oder Farbenmuster) und fordern Sie die Kinder auf, Ihre Bauwerke fortzusetzen.

Beobachtete Aktivitäten im freien Tun

- Der Schwerpunkt der Aktivitäten lag eindeutig im Bauen. Am häufigsten entstanden Treppen, Türme und Pyramiden.
- „Ordnung“ schaffen, Muster erzeugen und Würfeln waren ebenfalls zu beobachten, wobei beim Würfeln das Zählen und Addieren der Augenzahlen eine Rolle gespielt hat, das Zufallsprinzip (wie oft kommt eigentlich die 6?) dagegen kaum.

Beobachtungen zum Material

Das Material hat einen hohen Aufforderungscharakter. Die Spielwürfel wurden in Phasen des freien Tuns von den Kindern sehr häufig eingesetzt. Die Kinder griffen auch nach Wochen und Monaten immer wieder in das Regal mit den Behältern, in denen die Würfel – nach Farben geordnet – aufbewahrt wurden.
Die Vielfältigkeit des Materials wird aber auch in Phasen der Instruktion deutlich. Es bieten sich umfangreiche Möglichkeiten zur Vernetzung mit den anderen Kernbereichen und zu Aktivitäten und Aufgabenstellungen, die über das konkrete Umgehen mit dem Material hinausgehen.
Mit älteren Kindern lassen sich auch andere regelmäßige Körper (z. B. Oktaeder) untersuchen und zum Würfeln einsetzen.

Tipps und Hinweise

- Verwenden Sie mindestens drei verschiedene Farben, besser vier!
- Dabei sollten mindestens 100 Würfel von jeder Farbe vorhanden sein.

Kommentierte Beispiele

Beispiel 1:

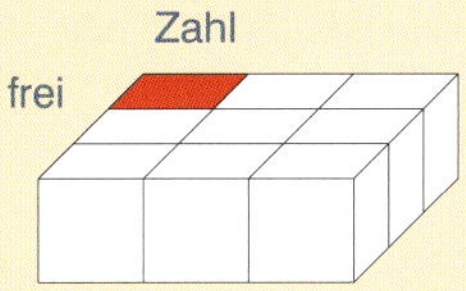

Über Wochen holt sich Sven immer wieder die Spielwürfel aus dem Matheregal. Während er anfangs alles mögliche ausprobiert, also das Gebaute unsystematisch verändert, es wieder zerstört und etwas Neues baut, wird sein Tun im Laufe der Zeit strukturierter: Bestimmte Konstruktionen werden immer wieder gebaut, erfahren systematische Variationen und Veränderungen. Ein häufig wiederkehrendes Gebilde ist das „Treppengebäude“, das Sven zunehmend weiterentwickelt: Neben der Größe (und der damit verbundenen Frage nach der benötigten Anzahl von Würfeln) spielen zunehmend auch die Farben und die Augenzahlen eine Rolle. Immer wieder stellt sich für Sven das „Problem der Mitte“. Sven möchte nicht zwei gleich hohe Türme in der Mitte, sondern nur einen. Doch immer wieder passiert ihm beim Bauen genau das. Warum nur?
Als er das Problem endlich für sich gelöst hat, holt er sich Papier und Bleistift und zeichnet sein Produkt auf. Er hat bereits erfahren, dass er durch „Abbilden“ seiner Bauwerke diese in gewisser Weise erhalten kann. Zugleich bietet die Zeichnung eine gute Möglichkeit, die Ergebnisse zu präsentieren und darüber zu sprechen.

Beispiel 2:

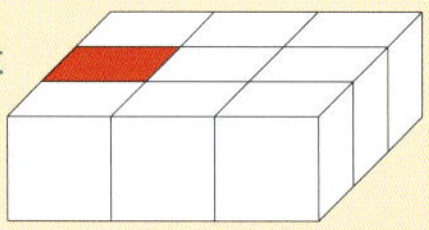

Die Kinder arbeiten zu viert am Tisch. Eine sehr große Anzahl mit Würfeln liegt dort. Es ist ihre erste Begegnung mit einer so großen Anzahl von Würfeln als „Material“. Sie wissen zunächst nicht so recht, was sie damit anfangen sollen. Ein Kind fängt etwas lustlos an zu bauen, das zweite fragt *was sollen wir damit machen?* Und die anderen beiden fangen an, sich gegenseitig mit den Würfeln abzuwerfen. Jetzt ist eine Intervention angebracht: Die Lernbegleiterin macht deutlich, dass die Kinder aus den Würfeln etwas machen und nachher auch erklären sollen, was sie gemacht haben.

Zehn Minuten später: Alle Kinder legen und bauen. Lisa hat als erste die Pyramide als Bauwerk entdeckt, und kurz darauf ist diese „Idee“ zu zwei weiteren Kindern „gewandert“, auch diese beiden bauen nun Pyramiden.
Lisa baut und zerstört, baut und zerstört und systematisiert ihre Konstruktion zunehmend. Schließlich baut sie quadratische Pyramiden – Ebene für Ebene.
Jede Ebene wird aus einer anderen Farbe gebaut. Bei der 5er-Pyramide überlegt sie: *Habe ich jetzt noch genug rote Würfel?*

Die Lernbegleiterin greift Lisas Idee auf und fragt: *Wie viele brauchst du denn?*
Lisa, die schon eine 5er-Reihe aus roten Würfeln gelegt hat, überlegt und sagt dann: *Ich brauche nochmal 5 und nochmal 5 und nochmal 5 und dann nochmal 5, sodass es nach oben und nach unten immer 5 sind …*

Immer 5 Würfel holt sie sich aus dem Glas und legt die unterste quadratische Ebene aus 25 roten Würfeln. Danach greift sie nach den blauen Würfeln:
Wie viele brauchst du jetzt?
Immer 4 …
Wie meinst du das?
Na wie vorhin: 4 oben und 4 nach unten …
Bei der nächsten Ebene sagt Lisa spontan:
Jetzt brauche ich 9 Würfel!
Warum?
Na 3 und 3 und 3.
Genau. 3 mal 3 Würfel.
Lisa greift die Formulierung der Lernbegleiterin auf und spricht bei der nächsten Ebene von *2 mal 2.*

Lisa macht gerade erste Erfahrungen mit den Quadratzahlen.

Inzwischen hat Lisas Bauwerk andere Kinder am Tisch zum Nachbauen angeregt. Julian baut auch eine quadratische Pyramide, allerdings eine Ebene höher und ohne Rücksicht auf die Würfelfarben.

Muggelsteine

Vorschläge zur Beobachtung

Ordnung schaffen

- Wird nach Farben sortiert? (Klassifikation)
- Werden Reihen bzw. Reihenfolgen erzeugt? Wie sehen diese aus? (Seriation)

Zählen

- Zeigt das Kind die Motivation, die Anzahl der Steine bestimmen zu wollen? Was sind die Gründe dafür?
  - Ist es das Ziel herauszufinden, von welcher Farbe es am meisten Steine gibt?
- Wie geht das Kind vor, wenn es Anzahlen bestimmen oder vergleichen will?
  - Zählt es alle Steine einzeln ab? Beherrscht es bereits die Zahlwortreihe und die Eins-zu-Eins-Zuordnung?
  - Verwendet es Strategien wie „immer 10 auf einmal“? Bildet es 10er-Päckchen (Bündel)?

Verteilen

- Werden die Steine unter den Kindern verteilt? Wie gehen die Kinder dabei vor? Bekommt jedes Kind gleich viel? Oder werden andere Kriterien angewandt?
- Für die Kinder ist es meist wichtig, die Steine „gerecht“ zu verteilen. Wie sieht so eine „gerechte“ Verteilung aus?

Legen

- Nutzt das Kind das Material eher, um gegenständliche „Bilder“ zu legen oder steht die Musterbildung im Vordergrund?
- Wechselt es zwischen den Verwendungsmöglichkeiten?
- Welche Art von Mustern werden erzeugt (flächig, linear, Farbmuster, Symmetrie, Zahlenmuster)?

Instruktion durch Impulse

Anzahlen bestimmen und vergleichen

- Nehmen Sie eine bestimmte Anzahl von Muggelsteinen (max. 6) in die Hand, öffnen Sie die Hand kurz und fragen Sie die Kinder nach der Anzahl.
- Füllen Sie ein Säckchen mit (großen) Muggelsteinen. Lassen Sie ein Kind in das Säckchen greifen. Es soll die Steine nicht sehen und möglichst rasch mit der offenen Hand zugreifen. Die Steine befinden sich nun in der geschlossenen Hand des Kindes. *Wie viele Steine sind in deiner Hand? Was schätzt du?*
  Diese Übung funktioniert auch gut mit runden Kieselsteinen.
- Präsentieren Sie 20 bis 30 verschiedenfarbige Muggelsteine und fragen Sie:
  - *Wie viele Muggelsteine gibt es von jeder Farbe?*

  Thematisieren Sie Strategien wie Bündeln oder geometrische Anordnungen.
- Füllen Sie drei Gläser mit unterschiedlich farbigen Muggelsteinen. Von zwei Farben gibt es gleich viele Muggelsteine, von der dritten Farbe unwesentlich mehr bzw. weniger (z. B. 50 und 48).
  - *In welchem Glas sind am meisten Muggelsteine?* (Hinweis: Hierbei steht nicht im Vordergrund, die absolute Anzahl durch Zählen zu bestimmen, sondern vielmehr geht es darum, dass die Kinder durch das Anwenden unterschiedlicher Strategien zu individuellem Problemlösen herausgefordert werden.)
- Legen Sie eine bestimmte Anzahl von Steinen auf ein Tablett. Achten Sie auf eine strukturierte Anordnung (z. B. Zweierreihen oder 3 links, 4 rechts). *Wie viele Steine sind es?*
- Verändern Sie die Anordnung, indem Sie entweder die Steine verschieben oder ein paar Steine entfernen. *Wie viele sind es jetzt?*
  Decken Sie nun einen Teil der Steine ab.
  Insgesamt habe ich …? Wie viele Steine sind unter dem Tuch versteckt?

Zahlenbilder

- *Lege Zahlenbilder zu den Zahlen 1 bis 10.*
- Der / die Lernbegleiter / -in legt ein „Muggelbild“ zu den Zahlen 1 bis 10, deckt dieses dann ab, und die Kinder legen es aus dem Gedächtnis nach.
- Alternativ können auch Bilder gezeigt werden.
- Fordern Sie die Kinder auf, zweifarbige Zahlenbilder zur 10 (und zu anderen Zahlen) zu legen.
  - 1 rotes und 9 blaue, 4 rote und 6 blaue …
    Findet ihr alle Möglichkeiten?
- Sie können auch Ziffernkärtchen bereitstellen, die die Kinder den Zahlenbildern zuordnen.

Legen

- Muster vorgeben: *Kannst du das fortsetzen?*
  - lineares (Zahlen-)Muster: 1 rotes, 3 grüne, 2 blaue, 1 rotes usw.
  - „flächiges“ Muster, z. B. Blumen(-zahlen): ein Stein in die Mitte, dann ein Kreis außen herum usw.
- Alternativ: Ein Kind beginnt, ein Muster zu legen, das zweite Kind setzt es fort und umgekehrt.
- Geben Sie Konstruktionsimpulse, z. B.
  - *Lege ein Dreieck, Viereck, einen Kreis …*
  - *Lege ein Muster aus genau 2 Farben, 3 Farben …*

Beobachtete Aktivitäten im freien Tun

Der Schwerpunkt der Aktivitäten lag im Legen von Bildern und Mustern. Zählaktivitäten waren zunächst eher selten zu beobachten. Nachdem die Kinder allerdings mit Anzahlproblemen in einer instruierten Phase konfrontiert wurden, wiederholten sie diese Aktivitäten auf gleiche oder ähnliche Weise in Phasen des freien Tuns.

Beobachtungen zum Material

Das Material hatte zunächst einen hohen Aufforderungscharakter, die Kinder wollten am liebsten alle gleichzeitig mit den Steinen arbeiten. Die Begeisterung ließ aber nach, was wahrscheinlich damit zusammenhängt, dass die Vielfältigkeit des Materials gerade im freien Tun doch eher eingeschränkt ist.

Mit Hilfe dieses Materials lassen sich besonders gut die Fähigkeiten der Kinder zum Darstellen und Erfassen von Anzahlen erkunden. Auch Aufgaben zum Teil-Ganzes-Konzept sind mit den Muggelsteinen einfach zu realisieren.

Begriffe und Kommunikation

- Zählen: Zahlwörter
- Vergleichen: mehr, weniger, gleich viel (Mächtigkeitsrelation)
- Verteilen: Was ist „gerecht" verteilen?
- Legen: Lagebeziehungen wie oben, unten, rechts, links usw.

Tipps und Hinweise

Die Muggelsteine sollten in mindestens vier verschiedenen Farben vorhanden sein.

Kommentierte Beispiele

Beispiel 1:

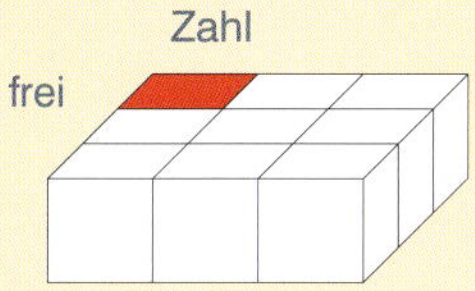

Im Freispiel legt eine kleine Gruppe von Kindern mit den Muggelsteinen unterschiedliche „Bilder" und Muster. Irgendwann verlieren die beiden Großen (fünf Jahre) das Interesse und schütten alle Muggelsteine achtlos in einen großen Karton. Der kleine Dominik (drei Jahre) leert alle wieder aus und beginnt, die Steine nach den Farben zu ordnen. Damit beschäftigt er sich konzentriert fast eine halbe Stunde und zeigt den Erzieherinnen am Ende mächtig stolz die gefüllten Gläser. Dabei gibt es vereinzelt Steine, die im „falschen" Glas gelandet sind. Die fünfjährige Lucy weist Dominik darauf hin, worauf dieser erst mal mit den Tränen zu kämpfen hat, sich dann aber von Lucy bereitwillig helfen lässt, alle Steine richtig einzuordnen.

Beispiel 2:

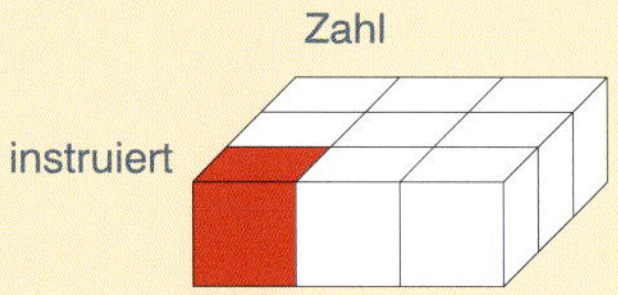

Die Lernbegleiterin stellt drei Gläser mit verschieden farbigen Muggelsteinen auf den Tisch. Im ersten und zweiten Glas befinden sich 50 rote, im zweiten Glas 49 gelbe, im dritten Glas 53 grüne Steine. *Von welcher Farbe gibt es am meisten Muggelsteine? Könnt ihr das herausfinden?*

Jan meint: *Hm, nee.*, und Tina schüttelt verneinend den Kopf, Svenja und Simon beginnen zu zählen, was die anderen anregt, ebenfalls zu zählen. Schließlich zählen immer zwei bis drei Kinder die Muggelsteine einer Farbe ab. Allerdings beherrscht kein Kind die Zahlwortreihe sowie die notwendige Eins-zu-Eins-Zuordnung so gut, dass mehr als 20 Steine sicher abgezählt werden können. Plötzlich sagt Svenja: *Wir müssen eine lange Schlange machen.* Sie beginnt, die grünen Muggelsteine in einer Reihe auszulegen. Mark schaut kurz zu, nimmt dann die gelben Steine und setzt damit Svenjas Reihe am Kopfende fort. Svenja schüttelt den Kopf und meint: *Nee, die musst du nebendran legen. Schau so!* Sie nimmt drei gelbe Steine und legt sie parallel zu den grünen. Mark lässt sich auf Svenjas Instruktion ein und setzt die angefangene Reihe fort. Auch Tina greift Svenjas Vorgehen auf und legt mit den roten Steinen eine neue Reihe. Als die zur Verfügung stehende Fläche für die Reihenbildung nicht ausreicht, kommt eine neue Idee zum Tragen: Wir legen von jeder Farbe eine Doppelreihe. Schließlich liegen drei (oder sechs?) Schlangen geordnet nebeneinander. Es zeigt sich: Die grüne ist die längste Schlange. Die Paarbildung, wie sie auf dem Foto zu sehen ist, bietet weiteren Gesprächsanlass, z. B. führt sie zu geraden und ungeraden Zahlen.

Hier wird den Kindern ein Problem präsentiert – ein Problem deshalb, weil die Kinder diese Aufgabe mit den ihnen zur Verfügung stehenden Kenntnissen nicht so einfach bewältigen können. Das Problem ist vergleichbar mit einer Hürde, die den direkten und bekannten Weg zum Ziel erschwert. Die Kinder setzen eigene Strategien zur Lösung des Problems ein: Svenja merkt, dass sie mit Zählen nicht zum Ziel kommt, also entwickelt sie eine Strategie, wie sich die Anzahl der Steine vergleichen lässt, ohne zählen zu müssen.

Käferkarten

Vorschläge zur Beobachtung

Ordnung schaffen

- Werden die Karten sortiert? Wie? Nach Anzahl der Punkte? Nach Symmetrien? Nach anderen, für die Lernbegleiterin vielleicht nicht sofort ersichtlichen Regeln? (Klassifikation)
- Werden Reihen gelegt? Wie lassen sich diese beschreiben? (Seriation)
- Beim Bilden von Klassen wie auch beim Bilden von Reihen spielt die Anzahlerfassung meist eine Rolle. Wie geht das Kind dabei vor?
  - Zählt es die einzelnen Punkte ab?
  - Erfasst es kleine Anzahlen (bis 5) auf einen Blick?
  - Wie geht das Kind bei größeren Anzahlen vor?

Karten verändern und neue Käferkarten legen

- Wie gehen Kinder mit „leeren“ Käferkarten um?
  - Gestalten sie Zahlbilder? Wie sehen diese aus?
  - Nutzen sie eher flächige oder eher lineare Anordnungen?
- Welche Rolle spielen Musterbildungen (z. B. Symmetrie)?

Spielen

Oft erfinden die Kinder eigene „Spiele“ mit vorgegebenen Materialien. Gerade Karten werden schnell als „Spielkarten“ aufgefasst:

- Wie spielen die Kinder mit den Karten?
  - Werden die Karten als „Käfer“ zum Spielen verwendet (z. B. Rollenspiel „Familienbildung“)?
  - Erfinden die Kinder Regeln? Welche?
  - Sind die Punktemuster für die Spiele relevant? Inwiefern?

Instruktion durch Impulse

Käferschachtel

Die Käferkarten bieten Anlass für eine Fülle von mathematischen Aktivitäten. In dem der „Käferschachtel“ beiliegenden Heft „Sicher in die Welt der Mengen und Zahlen“ sind diese ausführlich beschrieben und in die Geschichte „Käferfräulein Mathilde“ eingebettet. Die „Käferschachtel“ ist erschienen im AOL-Verlag (vgl. Literaturverzeichnis). Es folgt eine kleine Auswahl von Impulsen und Aufgabenstellungen (jeweils mit einer Auswahl von zehn bis 30 Karten):

Ordnen

- Die Käfer feiern Familientreffen. Man erkennt die Familien an der Anzahl ihrer Punkte.
  Welcher Käfer gehört zu welcher Familie?
- Beginnen Sie, eine Reihe zu legen: zuerst der Käfer mit den wenigsten Punkten und dann aufsteigend weitere Karten mit jeweils einem Punkt mehr (stiller Impuls). Überprüfen Sie, ob die Kinder die Reihe bis zu dem Käfer mit den meisten Punkten fortsetzen oder ob hierzu ein verbaler Impuls gegeben werden muss.

Blitzblick

- Zeigen Sie kurz eine Käferkarte. Der Käfer ist nur für ein paar Sekunden zu sehen und verschwindet dann wieder. *Hast du erkannt, zu welcher Familie er gehört?*

Hinweis: Bei der Anzahlerfassung spielt das Teil-Ganzes-Konzept eine wesentliche Rolle. Mehr als 5 Punkte müssen wir quasi simultan wahrnehmen, also über Zahlzerlegung. Wir sehen dann z. B. 5 und 3 Punkte, aus denen unsere Wahrnehmung blitzschnell 8 macht.

Anzahl erkennen und verändern

- Mit Hilfe von (abwaschbaren) Folienstiften können sich die Käfer „verkleiden“: Ein Dreipunktekäfer verkleidet sich in einen Fünfpunktekäfer.
  Wie viele Punkte fehlen ihm noch?
- Man kann Käferpaare bilden, die nach unterschiedlichen Kriterien zugeordnet werden:
  Finde Käferpaare mit …
  - *gleich vielen Punkten*
  - *einem Punkt Unterschied*
  - *zusammen zwei, drei, vier … Punkten*
  - *Bild und Spiegelbild*

- Jedes Kind schlüpft in die Rolle eines Käfers und sucht sich einen Partner nach vorgegebenen oder selbst erfundenen Regeln.
  Beispiel: *Es tanzen immer Käfer miteinander, die zusammen zehn Punkte auf dem Rücken haben.*

Mustererkennung

- Zu jedem Käferbild lässt sich ein Spiegelbild finden oder selbst gestalten.
- Ebenfalls kann zu jedem Käferbild ein Pendant gefunden werden, das genau „umgekehrt“ ist, das heißt, bei dem genau die Punkte schwarz sind, die beim ersten Käfer weiß sind und genau die weiß, die beim ersten Käfer schwarz sind.
- Bei Käfern mit vier Punkten können diese als Eckpunkte von Vierecken wahrgenommen werden und so Rechtecke, Trapeze und Drachen in den Punktemustern erkannt werden.

Aus der Praxis

Beobachtete Aktivitäten im freien Tun

Der Schwerpunkt der Aktivitäten lag im „Nachspielen" von Geschichten aus dem Begleitheft. Aus den Instruktionen erwuchsen eigene Konstruktionen (z. B. Regeländerungen und Regelerweiterungen).

Beobachtungen zum Material

- Das Material ausschließlich zum „freien Spiel" zur Verfügung zu stellen, empfiehlt sich bei den Käferkarten nicht. Es ist eher für Angebote in einem instruierenden Rahmen geeignet, aus dem sich dann konstruierende Tätigkeiten entwickeln. Die Vielfältigkeit der Möglichkeiten erschließt sich nicht auf den ersten Blick, wird jedoch mit Hilfe der Geschichten zunehmend auch für Kinder erfahrbar.
- Das Material, vor allem aber die Geschichten, haben die Kinder sehr angesprochen. Am ergiebigsten war ein häufiger Einsatz in kurzen Einheiten. „Rollenspiele", in denen die Kinder sich in die Käfer und ihre Aufgaben hineinversetzen konnten, wurden besonders geliebt.
- Außer dem Kernbereich „Zahl" kommt auch der Kernbereich „Form" (Spiegelbilder, Punktemuster) zur Geltung.

Tipps und Hinweise

- Verwenden Sie zu Beginn eine überschaubare Anzahl von Karten.
- Zum Zeigen im Stuhlkreis ist das mitgelieferte große Käfertableau besser geeignet als die Karten.
- Vorteilhaft ist zu Beginn der Einsatz in kleineren Gruppen (ca. sechs Kinder).
- Animieren Sie die Kinder zum Zeichnen eigener Käferbilder.
- Viele Spiele mit den Karten, die im Begleitheft „Sicher in die Welt der Mengen und Zahlen" beschrieben sind, lassen sich von den Kindern einfach nachspielen.
- Auch unabhängig von den „Mathilde"-Geschichten sind die Käferkarten geeignet, explizite Handlungsanweisungen und eigene Aufgaben zu formulieren. Das können Aufforderungen zum Zählen der Punkte, zum Abzeichnen einzelner Punktemuster oder zum Sortieren und Aufräumen der Karten sein. Hieraus ergeben sich oft aufschlussreiche Gespräche.

Kommentierte Beispiele

Beispiel 1:

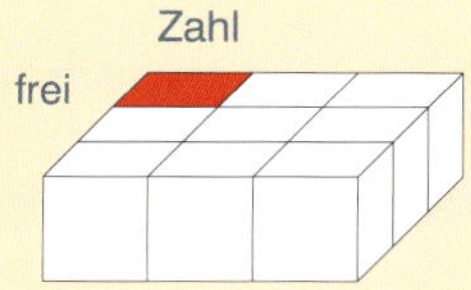

Auf dem Boden liegen bereits einige Käfer in einer Reihe. Alexandra sucht die restlichen Karten durch. Plötzlich strahlt sie und nimmt einen Käfer, den sie an eine bestimmte Stelle auf den Boden legt.

Alexandra hat die Karten nach einer ganz bestimmten „Regel" vor sich abgelegt. Die für das Kind logische Systematik muss für die Lernbegleiterin nicht gleich ersichtlich sein und stellt einen guten Gesprächsanlass dar. Alexandras Regel lautete: *Immer Punkte auf der einen Seite, dann Punkte auf der anderen Seite.*

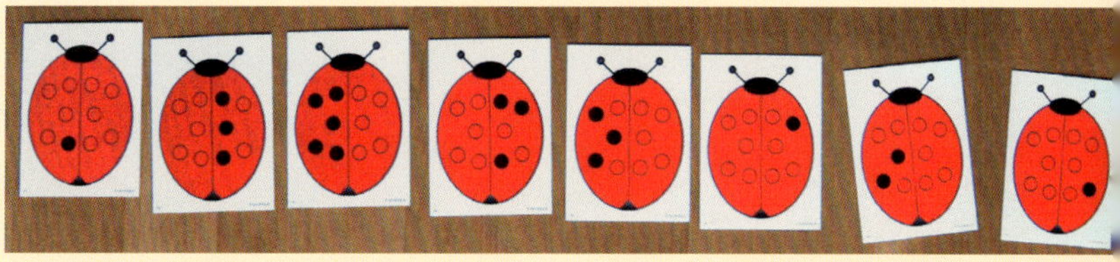

Beispiel 2:

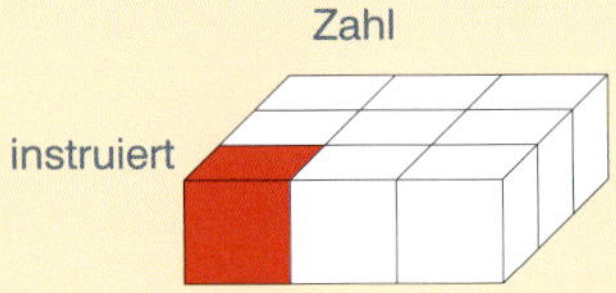

Etwa 30 Karten liegen als Set bereit, sie werden wie bei einem Kartenspiel gemischt und unter die Kinder verteilt. Die jeweils obersten Karten werden aufgedeckt und miteinander verglichen. Wer den Käfer mit den meisten Punkten hat, macht den „Stich“ und nimmt die Karten an sich. Die Relation „mehr/weniger“ dient als Kriterium. Tim und Julian verändern die Regel. Jetzt bekommt derjenige die Karten, der den Käfer mit den wenigsten Punkten hat. Zusätzlich diskutieren sie den Fall, was passiert, wenn zwei Käfer die gleiche Anzahl an Punkten vorweisen. Im Laufe des Spiels werden die Regeln noch mehrmals variiert und liefern somit vielfältige Diskussionsanlässe unter den Kindern.

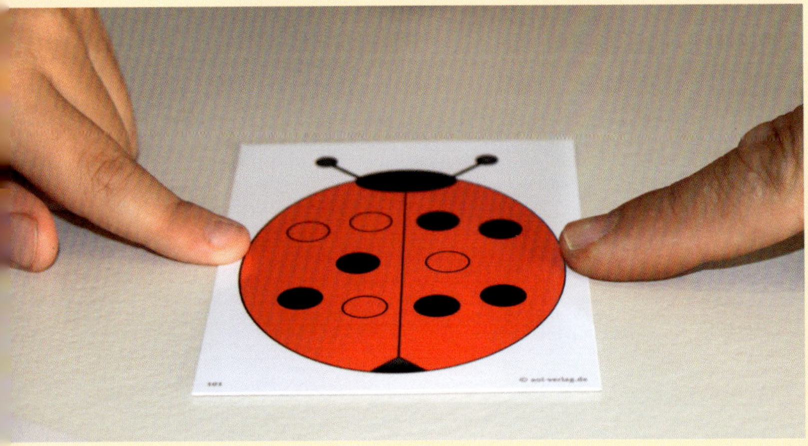

Beispiel 3:

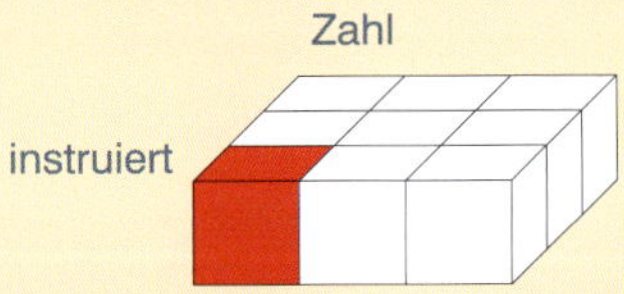

Auf die Frage, wie viele Punkte der abgebildete Käfer habe, sagt Lars, dieser habe *drei und vier Punkte*.
Auf die erstaunte Nachfrage zeigt er die „Würfeldrei“ (aus den beiden Punkten der linken Seite und dem Punkt links oben der rechten Seite) und die „Würfelvier“ (rechte Seite). Im weiteren Gespräch teilt Lars auch mit, dass er den einen Punkt *eben doppelt zählt*. Bei dem vermeintlichen Fehler handelt es sich also um eine aus der Sichtweise des Kindes völlig korrekte Denkweise, die auf ein vorhandenes Teil-Ganzes-Verständnis hinweist.
Uns hat Lars übrigens gesagt, er wisse schon, dass da *eigentlich noch ein Punkt mehr sein* müsse.

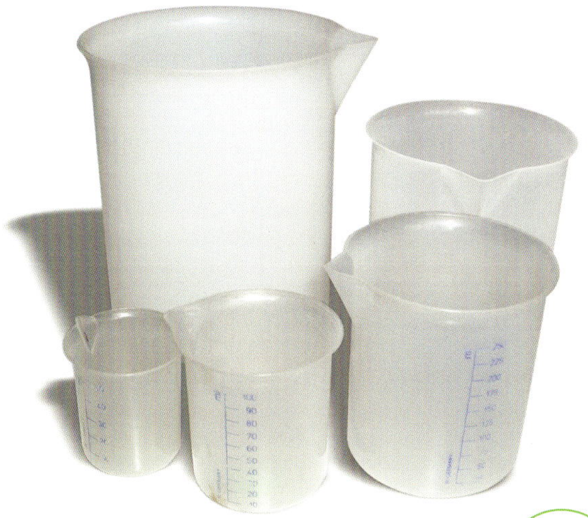

Messbecher

Vorschläge zur Beobachtung

Bauen und Stapeln

- Werden einzelne Becher nach ihrer Größe gezielt ausgewählt?
- Werden die Becher als Stapelbecher verwendet?
- Werden die Becher immer auf den „Boden“ gestellt oder auch „auf den Kopf“ oder „die Seite“? Lassen die Kinder die Becher rollen?

Füllen und Umschütten

- Womit werden die Becher gefüllt?
- Wie füllen die Kinder die Becher (exakt bis zum Rand oder bis zu einer Markierung)?
- Wird von einem Becher in den anderen „umgeschüttet“? Erfolgt dies systematisch (z. B. immer von klein nach groß oder umgekehrt)?

Vergleichen und Messen

- Machen die Kinder von sich aus Umschüttversuche und vergleichen so den Inhalt der Becher? Wie gehen sie dabei vor?
- Welche Begriffe verwenden die Kinder für die Vergleiche?
- Nehmen die Kinder die Beschriftung der Becher wahr? Fragen sie nach der Bedeutung der Maßeinheiten?

Instruktion durch Impulse

Ordnen

- Fordern Sie die Kinder dazu auf, die Becher nach ihrer Größe zu ordnen oder einen Turm damit zu bauen.
- *Kannst du sie stapeln? Wie?*
  Lassen Sie die Kinder beschreiben, wie das Stapeln funktioniert (und wann es nicht funktioniert), mit welchem Becher sie beginnen usw.

Erprobung verschiedener Füllmaterialien

Stellen Sie verschiedene Becher und mögliche Füllmaterialien zur Verfügung und fragen Sie:

- *Was kann man alles in die Becher hineinfüllen?*
- *Inwiefern unterscheiden sich die Materialien? Mit welchen Materialien lässt sich der Becher „lückenlos" füllen? Mit welchen nicht? Warum?*
- *Mit welchen Materialien kann man den Becher exakt bis zum Rand füllen, mit welchen sogar darüber hinaus (z. B. mit Hülsenfrüchten)?*

Schätzen und Messen durch (indirektes) Vergleichen

- Präsentieren Sie eine Menge von Muggelsteinen o.Ä.und lassen Sie die Kinder schätzen, in welche Becher diese hineinpassen und in welche nicht.
- Stellen Sie als Forschungsauftrag die Frage, wie oft der Inhalt des kleinen Bechers in die anderen Becher hineinpasst. Arbeiten Sie dabei mit einer Vielzahl von Füllmaterialien. So erfahren die Kinder, wie unterschiedlich genau mit „gröberen" Materialien (z. B. Spielfiguren) und „feineren" Materialien (z. B. Reiskörner) gemessen werden kann.
- Nehmen Sie eine bestimmte Anzahl von Muggelsteinen in die Hand, zeigen Sie diese den Kindern und lassen Sie überlegen:
  - *Passt in einen bestimmten Becher mehr oder weniger hinein als in zwei kleinere zusammen?* Auch hier gilt: erst schätzen, dann ausprobieren.

Messen und Zählen

- Den Kernbereich Maß können Sie hier auch mit dem Kernbereich Zahl verbinden. Lassen Sie die Kinder schätzen, wie viele (größere, zum Schütten geeignete) Gegenstände in die einzelnen Becher passen, und stellen Sie gemeinsam das Ergebnis fest: Wenn der Becher „doppelt so groß" ist, passen auch „doppelt so viele" (z. B. Würfel) hinein. Zusätzlich kann die Frage gestellt werden, ob in den großen Becher mehr oder weniger Steine hineinpassen als in zwei kleine zusammen (erst schätzen, dann ausprobieren).
- Das Volumen lässt sich auch sehr gut mit der Frage nach dem Gewicht verbinden: Dazu kann die Aufgabe gestellt werden, vorbereitete, gefüllte Becher auf einer Balkenwaage ins Gleichgewicht zu bringen.

Aus der Praxis

Beobachtete Aktivitäten im freien Tun

- Die Becher werden im freien Tun oft aufeinander und ineinander gestapelt. Dies trifft vor allem auf jüngere Kinder zu.
- Zum Vergleichen und Messen werden sie dagegen erst nach dem Einsatz gezielter Impulse verwendet.
- Das Umschütten scheint zunächst wenig zielgerichtet zu erfolgen, differenziert sich aber zunehmend aus. Die Kinder experimentieren gern mit unterschiedlichem Schüttgut.

Beobachtungen zum Material

- Die Becher allein sind nicht sonderlich attraktiv, sie werden erst im Zusammenhang mit verfügbarem Schüttgut interessant und bieten dann vielfältige Möglichkeiten des indirekten Vergleichens.
- Die eingeprägten Milliliterangaben sind für die Kinder eher schwer zu erkennen.

Begriffe und Kommunikation

- Achten Sie beim Vergleichen der Inhalte auf adäquate Begriffsverwendung:
  - gleich, mehr, weniger, am meisten … (Steigerungsformen gezielt verwenden!)
  - voll, halb voll, leer … „passt hinein“, „hat mehr / weniger Platz“
- Lassen Sie die Kinder die Becherform beschreiben: dick, dünn, klein, groß, hoch, niedrig …

Tipps und Hinweise

- Im Freien, also vorzugsweise im Sommer, können die Becher sehr gut mit Wasser oder trockenem Sand befüllt werden.
- Geeignetes Schüttgut für drinnen sind getrocknete Hülsenfrüchte.
- Wenn man keine Lebensmittel verwenden will, kann man auch Würfel, Knöpfe, Steine, Muscheln o. Ä. einsetzen.
- Wasser kann man einfach mit Lebensmittelfarben oder Wasserfarben färben.
- Der Bechersatz sollte mindestens doppelt vorhanden sein.

Kommentierte Beispiele

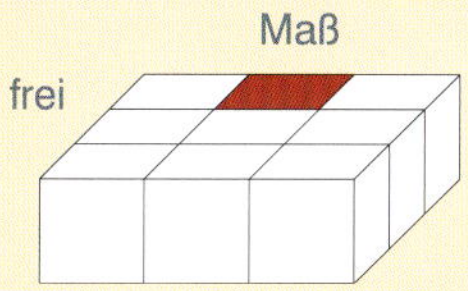

Beispiel 1:
Je nachdem, wie man die Becher hinstellt, kann man sie unterschiedlich stapeln (Seriation): aufeinander oder ineinander. Dabei spielt auch eine Rolle, ob die Öffnungen der Becher nach oben oder unten zeigen.

Die dreijährige Kim muss dies erst durch Handeln erfahren. Erst will der „Turm“ einfach nicht wachsen, doch schnell erkennt sie, dass sie die Becher in einer bestimmten Reihenfolge und mit der Öffnung nach unten stapeln muss.

Beispiel 2:

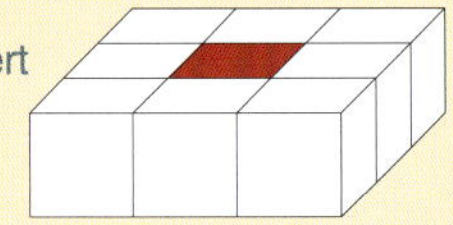

Lars und Svenja erfinden ein Spiel: Ein leerer Becher soll gemeinsam und möglichst gleichzeitig gefüllt werden. Dabei muss der eigene, bis an den Rand gefüllte Becher vollständig geleert werden. Dies bietet Anlass zu vergleichenden Gesprächen (*da war ja auch mehr drin ...*). Den Inhalt eines Bechers auf kleinere Becher zu verteilen, unterstützt das Teil-Ganzes-Verständnis und bahnt die Invarianzvorstellung des Volumens an.

Beispiel 3:

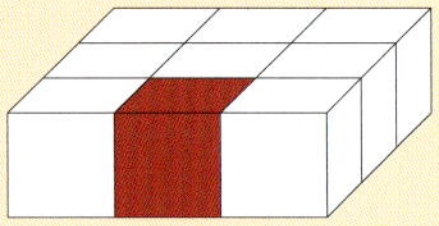

Es gibt im Kindergarten unterschiedliche Gläser. Ältere Kinder erhalten den Auftrag, diese Gläser vom größten Inhalt zum kleinsten zu ordnen. Hierzu erhalten sie neben den Gläsern eine Schüssel mit Wasser und die Messbecher sowie abwaschbare Folienstifte (für Gläser und Messbecher) und schließlich auch Stift und Papier zur Dokumentation – fast schon ein Miniprojekt. Zumindest haben „unsere“ Kinder ein solches daraus gemacht: Lena, Kai und Alex bauten die Idee in ein Rollenspiel ein: Sie „verkauften“ unterschiedliche Arten von Getränken in unterschiedlich großen (Mess-)Bechern und verlangten dafür unterschiedliche Preise. An dieser Stelle wird die Anwendungsorientierung deutlich.

Farbige Stäbe

Vorschläge zur Beobachtung

Bauen

- Welche Produkte entstehen?
  - Baut das Kind eher zweidimensionale oder eher dreidimensionale Gebilde?
  - Handelt es sich um flächige gegenständliche Figuren? Oder um flächige – z. B. symmetrische – Muster?
  - Werden Türme, Brücken oder Fantasiekonstruktionen gebaut?
  - Zeigen sich räumliche Muster: Stapel, Pyramiden, Treppen?

Ordnen: sortieren und vergleichen

- Wie werden die Stäbe geordnet (etwa nach Länge oder Farbe)?
- Vergleichen die Kinder die Stäbe miteinander, und benutzen sie dabei Begriffe wie „länger" und „kürzer", „höher", „niedriger" usw.?
- Finden sich Aktivitäten oder Aussagen, die Rückschlüsse darüber zulassen, ob die Kinder die Verhältnisse der Stablängen untereinander erkennen, also z. B. *Oh, der braune Stab ist ja doppelt so lang wie der rote …*
- Verknüpfen die Kinder die Stäbe oder Stablängen mit Zahlwörtern? (*Das ist der Einer* usw.)
- „Addieren" die Kinder Stablängen durch Aneinanderlegen? Vergleichen sie verschiedene Stabreihen miteinander? (*Die Reihe aus den roten und blauen Stäben ist genauso lang wie …*)

Anmerkung: Es gibt auf dem Markt Stäbe („Cuisenaire-Stäbe"), bei denen bestimmten Längen eine bestimmte Farbe fest zugeordnet ist (z. B. orange = 10 cm) sowie solche („Messwürmer"), bei denen Länge und Farbe unabhängig voneinander sind. Außerdem lassen sich solche Stäbe auch selbst herstellen. Es ist bei den hier vorgestellten Einsatzmöglichkeiten nicht von Bedeutung, welche Beziehung zwischen Länge und Farbe besteht.

Instruktion durch Impulse

Legen und Bauen

- Geben Sie Hinweise, was die Kinder bauen können:
- *Einen Turm:*
  - ▷ Konkretisieren Sie: *Einen Turm mit 6, 9, 13 Stockwerken bzw. Ebenen bauen.*
  - ▷ *Wer baut den höchsten Turm? Wie viele Stockwerke bzw. Ebenen hat dieser?*
- *Eine Treppe:*
  - ▷ *Vergleicht eure Treppen miteinander.*
  - ▷ *Welche Möglichkeiten gibt es, Treppen zu bauen?*
  - ▷ *Wer baut die höchste Treppe mit den wenigsten Stäben?*
- *Eine „Schlange“:*
  - ▷ Legen Sie eine „Schlange“ nach einem bestimmten Muster, das die Kinder fortsetzen sollen.
- Schlagen Sie den Kindern vor, mit den Stäben Bilder (z. B. eine Blume) zu legen. Umgekehrt können sie auch „Umrissbilder“ mit Stäben auslegen.
- Lassen Sie die Kinder spiegelbildliche Figuren ergänzen.
- Regen Sie die Kinder dazu an, ihre „Bauwerke“ auf Papier festzuhalten.

Ordnen: Sortieren und Vergleichen

- Breiten Sie eine große Anzahl von Stäben auf dem Tisch aus:
- *Könnt ihr hier Ordnung schaffen?*
  - ▷ *Legt eine „Kette“, die genau so lang ist wie eine, die schon auf dem Tisch liegt.*
  - ▷ *Sucht Stäbe, die doppelt so lang oder halb so lang sind wie dieser hier.*
- Lassen Sie die Kinder Beziehungen zwischen den Stäben suchen und diese verbalisieren: *Dieser Stab ist doppelt so lang wie der daneben / da drüben …*

Messen durch indirektes Vergleichen

- Lassen Sie die Kinder mit Hilfe der Stäbe die Länge von Gegenständen „messen“. Bei diesem Verfahren, auch indirektes Vergleichen genannt, werden die Stäbe als Maßeinheiten verwendet: *Das Buch ist 3 blaue Stäbe lang.*
  Dabei machen Kinder die Erfahrung, dass größere Gegenstände eher mit langen Stäben, kleinere Gegenstände eher mit kürzeren Stäben gemessen bzw. verglichen werden können.

- Formulieren Sie gemeinsam mit den Kindern Vergleiche. So lernen die Kinder die Verwendung der korrekten Begriffe und üben den Umgang damit. *Der Bleistift ist länger als zwei gelbe Stäbe* usw.

Aus der Praxis

Beobachtete Aktivitäten im freien Tun

- Zu Beginn wurden die Stäbe wie Bauklötzchen verwendet; manche Kinder blieben damit auf einer Ebene, manche bauten in die Höhe. Oft wurden „Hausansichten“ (Viereck mit „Dach“, „Türen“ und „Fenstern“) gebaut sowie nach oben sich verjüngende Türme mit jeweils zwei parallelen Stäben pro Ebene, die Stäbe der nächsten Ebene immer um 90° versetzt.
- Es gab „Materialwanderungen“, z. B. von der Bau- in die Mathe-Ecke, außerdem wurden Ideen in andere Bereiche (Freispiel, Maltisch) übernommen.
- Zu beobachten waren Aktivitäten des Vergleichens ebenso wie Seriationen. So verglichen die Kinder die Länge zweier Stäbe miteinander oder brachten mehrere Stäbe der Länge nach in eine Reihenfolge. Beim Bilden von Reihenfolgen begannen die Kinder ihre Aktivitäten meistens mit den längsten.
- Als „Messinstrumente“ verwenden die Kinder die Stäbe von sich aus eher nicht.

Beobachtungen zum Material

- Zum Bauen eignen sich die massiven Stäbe besser als die leicht flexiblen Messwürmer.
- Die „Einer-Würfel“ (der „Stab“, der bei einer Grundfläche von 1 cm^2 genau 1 cm lang ist) bei den Cuisenaire-Stäben sind zu klein für die Kinder.

Tipps und Hinweise

- Probieren Sie den Einsatz von Cuisenaire-Stäben mit den Längen 2, 4, 6, 8 und 10 cm und sortieren Sie die „ungeraden“ zunächst aus – so sind die Unterschiede größer, und es ist für die Kinder übersichtlicher.
- Die „Messwürmer“ haben die Längen 1, 2, 3 und 4 inch, das entspricht etwa 2,5, 5, 7,5 und 10 cm.
- Von jeder Länge sollten mindestens zehn Stäbe vorhanden sein, wenn mehrere Kinder zusammen damit arbeiten, deutlich mehr.

Kommentierte Beispiele

Beispiel 1:

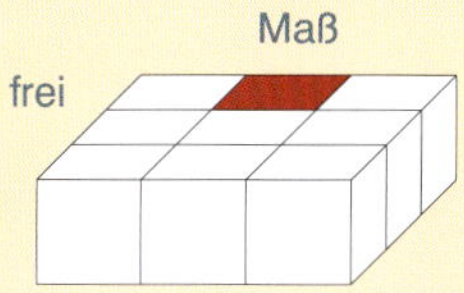

Tom stapelt die Stäbe aufeinander und entdeckt dabei gewissermaßen von selbst die „natürliche“ Reihenfolge: In die erste Ebene kommen mindestens zwei lange Stäbe, nach oben verjüngt sich der Stapel. Nur so lassen sich alle Stäbe „einbauen“. Versuche, diese Reihenfolge zu ändern, werden durch das Einstürzen des Bauwerks beendet.

Die Seriation ist hier gewissermaßen Voraussetzung für das Gelingen der Konstruktion und ergibt sich aus der konkreten Anwendung. Auch die Beziehungen „neben“,

„über“, „unter“ usw. werden so von den Kindern selbst konstruiert.
Toms Konstruktionsversuche bieten Gesprächsanlässe über die Beziehungen, die zwischen den verschiedenen Stäben bestehen. Dazu gehört natürlich vor allem die Größer-Kleiner-Relation, aber auch Lagebezeichnungen spielen hier eine wesentliche Rolle.

Beispiel 2:

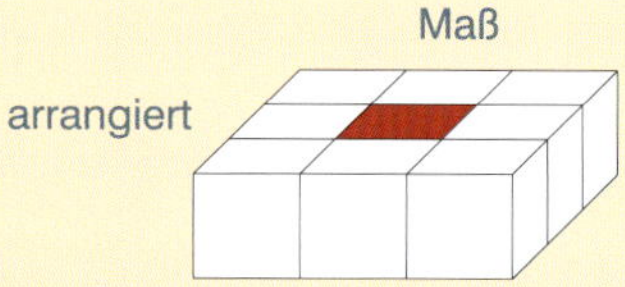

Im Regal liegen Stäbe und „Auslegebilder“, und die Kinder werden animiert, die Bilder mit den Stäben auszulegen. Jede Vorlage ist aber nur einmal vorhanden. Möchte ein zweites Kind das gleiche Bild legen, steht keine Vorlage mehr zur Verfügung. Schnell finden die Kinder eine Lösung: Das Bild des ersten Kindes kann nun selbst wieder zur Vorlage werden. Die Kinder erfahren die Eins-zu-Eins-Zuordnung zwischen Bildern und Stäben (sie ordnen den Stab auf dem Legebild des ersten Kindes dem entsprechenden Stab auf dem Legebild des zweiten Kindes zu) sowie diejenige zwischen den Stäben selbst.

Beispiel 3:

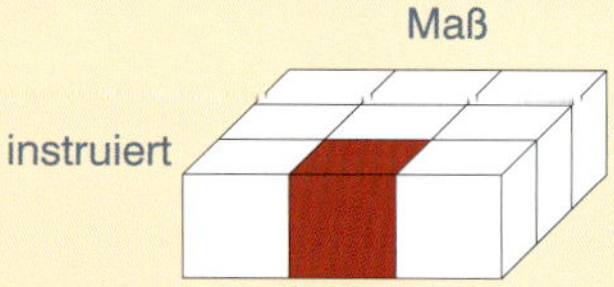

Es wird die Aufgabe gestellt, Tore zu bauen, wobei ein „Pfosten“ so ergänzt werden muss, dass das Tor nicht „schief“ wird. Im Beispiel auf dem Bild fehlt zu Beginn das rote Stäbchen. Im Sinne der Teil-Ganzes-Beziehung wird hier anschaulich, dass sich die Länge des blauen Stäbchens („Ganzes“) aus den Längen des schwarzen und des roten Stäbchens („Teile“) zusammensetzt.

Seile

Vorschläge zur Beobachtung

Bilder und Muster

Legen die Kinder Muster und Figuren aus einem oder mehreren Seilen? Beachten die Kinder dabei Länge und/oder Farbe der Seile?
Werden die Seile symbolisch umgedeutet bzw. für fantasiebestimmtes Spielen eingesetzt (z. B. als Tiergehege, als Riesenspaghetti, als Begrenzungslinien für Straßen etc.)? Wie entwickelt sich das Spielen mit den Seilen? Verändern sich die Bedeutung und die Funktion des Materials?

Ordnung schaffen

Vergleichen die Kinder ihre Seile miteinander? (Wer hat das längste Seil? Welche Seile sind gleich lang?)
Werden die Seile der Länge nach geordnet? (Seriation)
Werden die Seile nach Farbe, Länge oder anderen Kriterien klassifiziert?

Messen

Nutzen die Kinder die Seile zum Messen (durch indirektes Vergleichen)?

- ▷ *Der Tisch ist so lang wie 2 gelbe Seile.*
- ▷ *Der Timo ist genauso groß wie das blaue Seil.*

Instruktion durch Impulse

Offene Einstiegsfrage:
Was kann man mit so einem Seil alles machen?
Und mit vielen Seilen?

Seile verknoten

- Es lassen sich mehrere kurze Seile zu einem „Riesenseil" verknoten.
  - ▷ *Wie viele Seile brauchen wir, um ..?*
  - ▷ *Welche Formen können wir daraus legen?*
- Die Knoten werden zu Ecken. Wir legen Dreiecke, Vierecke, Fünfecke …

„Seilbilder" legen

- *„Malt" mit den Seilen Bilder auf den Boden:*
  - ▷ Kreise, Brezeln, Spiralen, Achten … (*Wie groß werden die Figuren mit dem kürzesten bzw. mit dem längsten Seil?*)
  - ▷ einen Regenbogen
  - ▷ Buchstaben oder Ziffern
- Fordern Sie die Kinder dazu auf, ihre „Seilbilder" auf Papier festzuhalten.

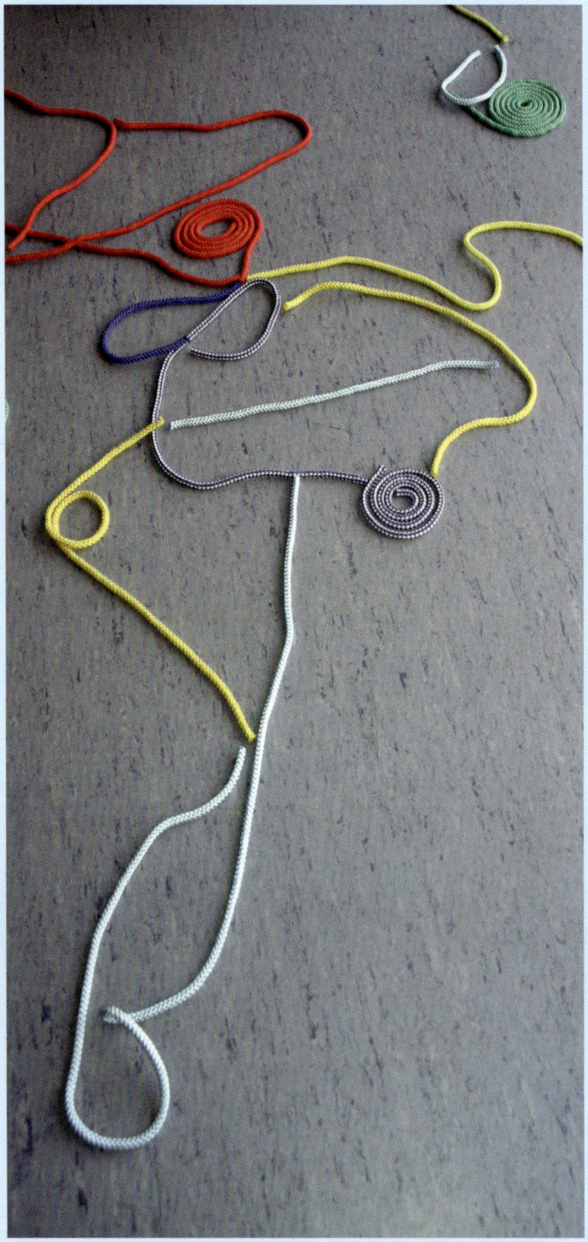

Ordnen

- Legen Sie alle Seile in einem ungeordneten Haufen auf den Boden: *Sucht das längste / kürzeste Seil.*
- Seile können in einzelnen Häufchen nach Farbe oder Länge vorsortiert oder auch als „Regenbogen" präsentiert werden (stiller Impuls). Versuchen die Kinder, diese Ordnung fortzuführen?

Messen

- *„Messt" mit den Seilen:*
  - ▷ *Wie groß seid ihr?*
  - ▷ *Wie lang ist das Regal?*
  - ▷ *Wie breit ist das Zimmer?*
- Die Frage *Bist du größer als das Seil lang ist?* ist ein Impuls, der Kinder dazu anregen kann, ein Seil als „Längenmessgerät" zu benutzen.

Aus der Praxis

Beobachtete Aktivitäten im freien Tun

- Unsere anfänglichen Befürchtungen, dass die Seile zu wilden und gefährlichen Spielen verführen könnten, haben sich nicht bestätigt.
- Die Beschäftigung erfolgte in Phasen: Nach Anregungen wurde eine Zeit lang mit den Seilen agiert, nach einiger Zeit ließ das Interesse jedoch nach. Wurde dann wieder ein neuer Impuls gegeben, nahmen die Kinder diesen bereitwillig auf und fokussierten ihre Aufmerksamkeit erneut auf den Umgang mit dem Material.
- Im freien Tun beschäftigten sich manche Kinder mit „Schnecken" aus einem und aus mehreren Seilen.
- Die Seile wurden zu Seitenbegrenzungen von „Straßen" benutzt, auf denen mit Spielzeugautos gefahren wurde.
- Nur sehr selten haben wir beobachtet, dass im Freispiel ein Seil oder mehrere Seile miteinander verknotet wurden. Anleitungen zum „Knoten" stießen allerdings bei den Kindern auf großes Interesse.

Beobachtungen zum Material

Obwohl die Seile optisch und haptisch sehr ansprechend sind, zeigte sich, dass zu einer nachhaltigen Beschäftigung immer wieder gezielte Anregungen gegeben werden sollten, besonders zum Messen und Vergleichen.

Tipps und Hinweise

- Zur Aufbewahrung ist eine große Box hilfreich.
- Wenn ein Bewegungsraum zur Verfügung steht, bietet es sich an, ihn für die Arbeit mit den Seilen zu nutzen. Bei entsprechendem Platz eignet sich das Material gut, um motorische Erfahrungen zu integrieren.
- Verknoten und Entknoten, spiralförmiges Einrollen oder Gegenstände umwickeln sind nur ein paar Beispiele, wie Kinder ihre grob- und feinmotorischen Fertigkeiten an diesem Material schulen können.

Kommentierte Beispiele

Beispiel 1:

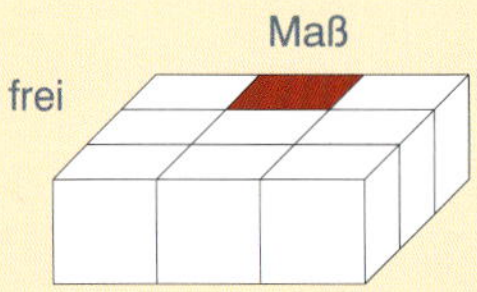

Obwohl wir die Seile in erster Linie dem Kernbereich „Maß“ zugeordnet haben, lassen sich mit ihnen auch Erfahrungen zu Raum und Form und hier im Besonderen zu den Lagebeziehungen machen: Mehrere Kinder legten mit den Seilen Ringe und Brezeln, Spiralen und „Achten“. Später markierten sie mit Hilfe der Seile „abgegrenzte“ Gebiete auf dem Boden, es entstanden „Gehege“ für Tiere und „Straßen“ für Autos. Während zu Beginn die Seile ungeordnet verwendet wurden, fingen die Kinder nach einer gewissen Zeit an, den Seilen mit unterschiedlichen Längen auch unterschiedliche Funktionen zuzuordnen: Die langen Seile wurden nur noch als Begrenzungslinien verwendet, die mittleren und kurzen Seile wurden zusammengerollt und als Rennschnecken eingesetzt.

Beispiel 2:

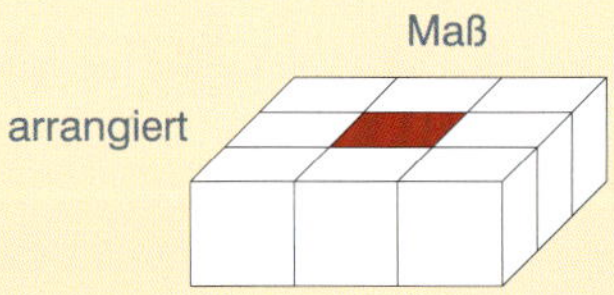

An einem Tisch wurden Seile und einfache Maßbänder bereitgelegt, um die Aufmerksamkeit auf die Länge der Seile zu lenken. Nachdem er die Maßbänder eingehend betrachtet hat, steigt Fynn auf einen Stuhl, um ein Seil „gerade“ nach unten hängen zu lassen und sagt: *Guckt mal, wie lang das ist!*

Beispiel 3:

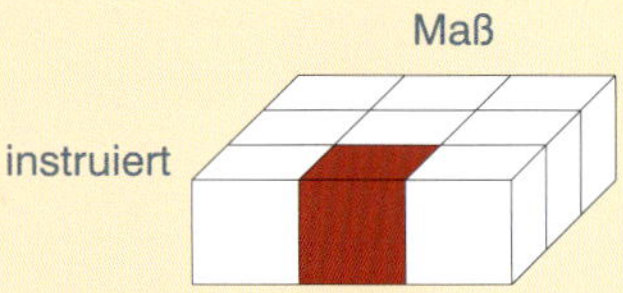

Die Lernbegleiterin bittet die Kinder, die Seile der Länge nach zu ordnen. Während die meisten Kinder den erwarteten Weg einschlagen – nämlich die Seile nebeneinander in ganzer Länge auszulegen –, beginnen Svenja und Meike damit, aus den Seilen Spiralen (sie nennen sie „Schnecken“) zu drehen und legen diese übereinander. Schnell übernehmen die anderen Kinder die Idee. Schließlich ist der Boden übersät mit Schnecken – großen und kleinen. Zum Vergleichen werden sie nebeneinander und übereinander gelegt, Familien gebildet usw.

Messen bedeutet vergleichen: Der zu messende Gegenstand und das „Messgerät“ werden zueinander in Bezug gesetzt. Die Seriation kann direkt über die Länge erfolgen, aber auch indirekt über den Durchmesser der „Schnecken“: Diese Methode ist originell und führt ebenfalls zum Ziel.

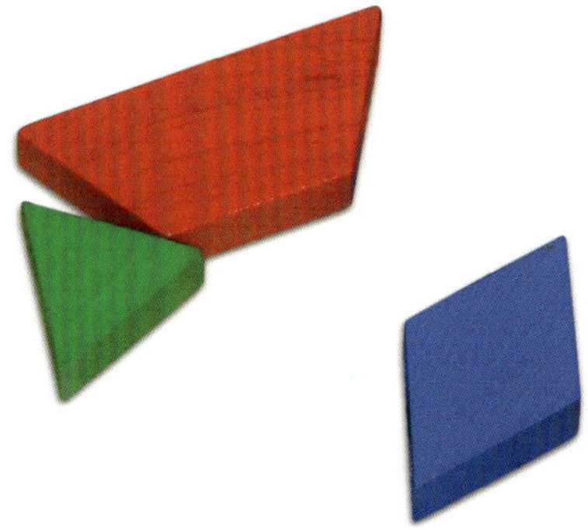

Patternblocks

Vorschläge zur Beobachtung

Ordnung schaffen

- Sortieren die Kinder das Material nach Farbe und / oder Form? (Klassifikation)

Bauen und Legen

- Wird das Material nur flächig oder auch dreidimensional verwendet?
- Wählen die Kinder systematisch Teile aus?
- Bauen oder legen sie die Muster nur mit bestimmten Formen bzw. Farben?
- Legen sie eher gegenständliche „Bilder“ oder eher „abstrakte Muster“?
- Welche Art von Muster wird erzeugt?
  - Parkette (lückenlose „Pflasterung“ der Ebene, flächige Muster) oder Bandornamente (lineare Muster)?
  - Symmetrische Bilder? Mit einer oder mehreren Symmetrieachsen? Wird die Symmetrie streng eingehalten oder finden sich bewusste oder unbewusste Formen der „Symmetriebrechung“?

Umgehen mit geometrischen Begriffen

- Welche Begriffe benutzen die Kinder zur Bezeichnung der Plättchen?
- Verwenden sie nur Farbbezeichnungen oder auch Formenbezeichnungen? Welche? Z. B. Dreieck, Viereck, Sechseck. Nennen sie nur das Quadrat Viereck oder auch das Rechteck? Erfinden sie Namen für die Rauten?

Klassifizieren

- Breiten Sie viele verschiedene Formen auf dem Tisch aus und fordern Sie die Kinder auf, diese nach Farbe, Form und Größe zu sortieren.

Muster

- Stellen Sie folgende Aufgabe:
  Versuche, auf diesem Papier ein Muster so zu legen, dass das ganze Papier lückenlos bedeckt ist.
  - ▷ *Warum klappt das nicht immer? Worauf musst du achten?*
- Legen Sie gemeinsam mit den Kindern ein Parkett: Ein Kind beginnt und legt eine Form in die Mitte des Blattes, dann wird reihum angelegt. Die Aktivitäten der einzelnen Kinder werden nicht kommentiert, erst wenn eine Lücke entsteht, wird gemeinsam nach einer Lösung des Problems gesucht.
- Beginnen Sie, ein Muster zu legen und fragen Sie dann: *Kannst du mein Muster fortsetzen?*
  - ▷ Verwenden Sie dabei sowohl eindimensionale (Ornament) wie flächige Muster (Parkett).
  - ▷ Fordern Sie die Kinder auf, die Lege-Regeln zu verbalisieren.
- Geben Sie Muster auch auf Papier vor*:* *Kannst du das nachlegen?*
- *Erfinde ein eigenes Muster, lege es und zeichne es dann ab. Gib deine Zeichnung anschließend deinem Freund / deiner Freundin und bitte ihn / sie, das Muster nachzulegen.*

Flächen auslegen

Hier können vielfältige Varianten des alten chinesischen Legespiels „Tangram" eingesetzt werden: Geben Sie „Schattenrisse" zweidimensionaler geometrischer Formen vor. *Versuche, mit den Formen diese Bilder auszulegen! Es sollen keine Lücken entstehen.*

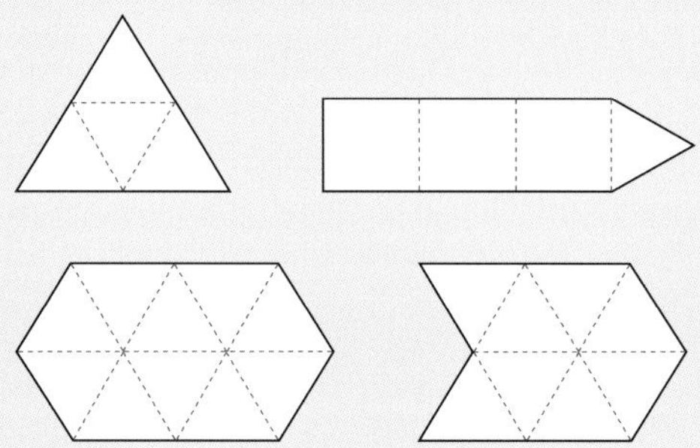

Flächen(-inhalte) vergleichen

- Lassen Sie unterschiedliche Papierformate durch Auslegen mit Einheitsformen vergleichen (evtl. Esspapier verwenden! Welches ist größer?)
- Legt man mit gleichen Teilen verschiedene Figuren, so haben diese trotz unterschiedlichen Aussehens den gleichen Flächeninhalt: Man erfährt also durch eigenes Handeln die Flächeninvarianz.

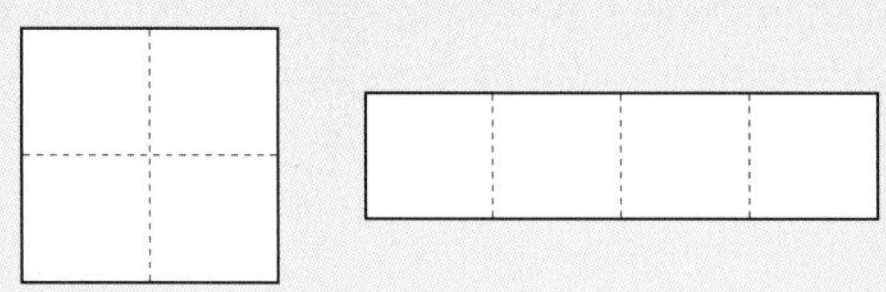

Aus der Praxis

Beobachtete Aktivitäten im freien Tun

- Das Material wurde von den Kindern sehr unterschiedlich angenommen. Für einige Kinder hatte es einen hohen Aufforderungscharakter, andere beschäftigten sich in den Phasen des freien Tuns nur kurz mit den Patternblocks.
- Interessant war die Beobachtung, dass es Kinder gab, die fast ausschließlich gegenständliche Gebilde erzeugten, aber auch Kinder, die mit diesem Material von Beginn des Einsatzes an immer wieder Muster legten.
- Dreidimensionale Bauten (zu Türmchen aufgeschichtete Patternblocks) waren eher die Ausnahme. Wenn ein Kind am Tisch allerdings damit anfing, war eine „Ideenwanderung“ recht schnell zu beobachten.

Beobachtungen zum Material

- Die einzelnen Formen sollten je nach Einsatz sorgfältig ausgewählt werden. Wenn die lückenlose Parkettierung der Ebene als Ziel angestrebt wird, sollten Sie nur Formen wählen, mit denen dies auch möglich ist. Dabei kann es hilfreich sein, auch die Anzahl der Formen zu begrenzen.
- Die Anregung zum dreidimensionalen Bauen kann durch einen Impuls seitens der Lernbegleiterin erfolgen und wird zumeist von den Kindern gern angenommen. Die verschiedenen „Türme“ können ganz unterschiedliche Grundrisse mit unterschiedlicher Eckenzahl haben – daraus ergeben sich vielfältige Gesprächsanlässe.

Begriffe und Kommunikation

- Lassen Sie die Kinder die Formen beschreiben und dabei die Begriffe üben: dreieckig, sechseckig, quadratisch usw.
- Erklären Sie an den gelegten Mustern, was „lückenlos“ bedeutet: „genau passend“, „ohne Löcher“.

Tipps und Hinweise

- Setzen Sie Formen ein, die gleich lange Seiten aufweisen bzw. die man aufgrund der sich ergänzenden Innenwinkel lückenlos aneinanderlegen kann.
- Sinnvoll ist es auch, mit Formen zu arbeiten, die sich wiederum zu anderen ergänzen lassen (z. B. ergeben zwei gleichseitige Dreiecke eine Raute).

Kommentierte Beispiele

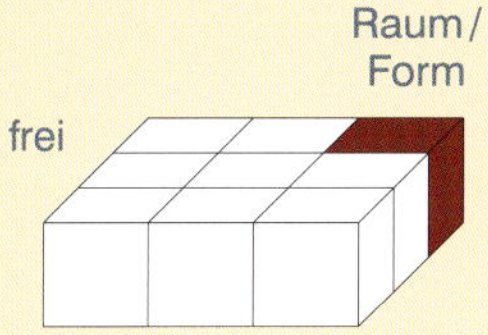

Beispiel 1:
Timo legt anfangs ausschließlich gegenständliche Bilder. Das Bild unten zeigt Timos „Roboter“. Der Einhaltung der Symmetrie schenkt Timo dabei besondere Aufmerksamkeit.

Beispiel 2:

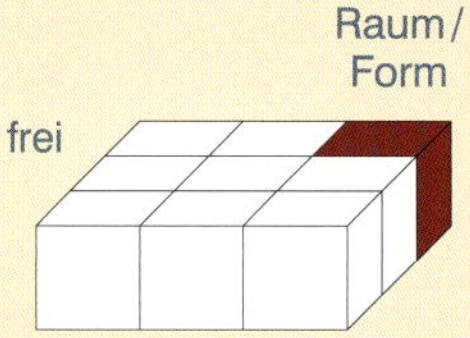

Marie legt immer wieder verschiedene Muster. Anfangs weisen ihre Produkte viele Lücken auf. Zunehmend versucht sie, die Figuren so aneinander zu legen, dass keine „Löcher“ entstehen. Auf Nachfrage erklärt sie: *Ich fang immer in der Mitte an und dann probiere ich einfach was passt …*

Die Lernbegleiterin fragt nach: *Wann passt es denn?*

Marie*: Na, wenn es keine Löcher gibt und schön aussieht.*

Marie parkettiert, d. h. sie legt die Ebene lückenlos aus.

Beispiel 3:

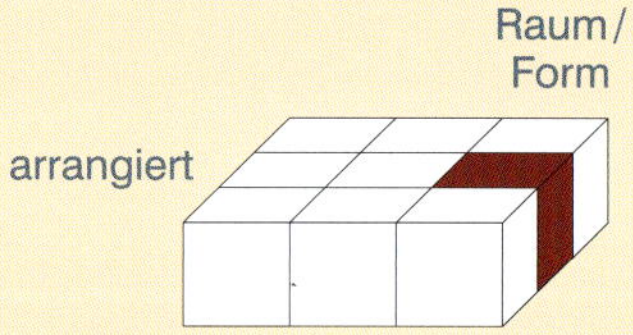

Die Lernbegleiterin breitet eine große Anzahl unterschiedlicher Rauten auf dem Tisch aus. Je nach Größe der Innenwinkel ergeben sich verschiedenzahlige Rosetten. So lassen sich aus Rauten mit einem Innenwinkel von 60° sechszählige Rosetten legen. (Der Vollwinkel beträgt 360°.)

Katharina ist die erste am Tisch, die *einen Stern mit 6 Zacken legt*. Kurze Zeit später ist diese Idee bereits an den nächsten Tisch „gewandert“. Die sechsjährige Ann-Katrin entdeckt, dass man mit den halb so großen Rauten einen Stern mit doppelt so vielen Zacken legen kann.

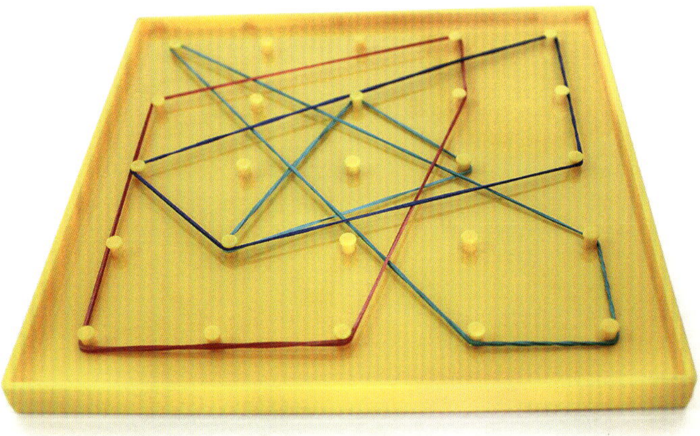

Geobrett

Vorschläge zur Beobachtung

Die Kinder können mit dem Geobrett sehr schnell ansprechende Figuren und geometrische Formen darstellen. Durch die Verwendung von Gummis mit unterschiedlichen Farben ergeben sich interessante Gestaltungsmöglichkeiten.

Muster

- Welche Bilder entstehen?
  - eher gegenständliche?
  - eher abstrakte?
- Wird mit mehreren Gummis gearbeitet? Spielen Länge und Farbe der Gummis eine Rolle?
- Welche Rolle spielt die Symmetrie?
- Werden Muster selbstständig nachgebaut, aufgezeichnet, verglichen, oder bedarf es dazu eines Impulses von außen?

Ebene Figuren

- Welche Formen werden gespannt?
  - Dreiecke, Vierecke, Kreise …?
- Werden Figuren bewusst durch Umspannen verändert? Wie?
- Verwenden die Kinder geometrische Begriffe? Welche?

Instruktion durch Impulse

Figuren und Muster nachspannen

- Begleitend zu den Geobrettern können Sie Bilder (Fotografien, Kopien oder Zeichnungen) anbieten, auf denen gespannte Figuren zu erkennen sind und die Kinder zum Nachspannen anregen.
- Als Möglichkeit, die erzeugten Muster abzubilden, können den Kindern Blätter mit „Nagelmuster" und Buntstifte zur Verfügung gestellt werden:

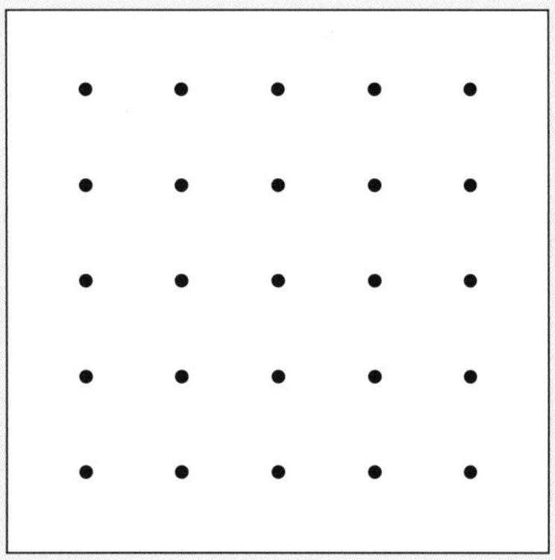

Figuren erzeugen und verändern

- Figuren lassen sich aus „Teilfiguren" zusammensetzen (Teil-Ganzes-Verständnis): Innerhalb einer gespannten Figur können die Kinder mit weiteren Gummis Teilfiguren identifizieren lernen (z. B. ein großes Quadrat besteht aus 4 kleinen Quadraten).
- Aus bestehenden Figuren andere erzeugen: *Kannst du aus diesem Viereck mit einmal Umspannen ein Dreieck erzeugen?*
- Nebenbei können Begriffe genannt oder erfragt werden: Dreieck, Viereck, gerade, schräg …
- Eine auch für Kindergartenkinder zu bewältigende Aufgabe ist die Bitte, Bilder symmetrisch zu ergänzen. Dazu kann ein „halbes" Bild und eine „Spiegelachse" gespannt werden, verbunden mit der Aufgabe, das Bild „fertigzustellen".
- Weitere Aufgaben können sein:
  - *Spannt möglichst viele unterschiedliche Dreiecke oder Vierecke.*
  - *Wie sieht das größte / kleinste Dreieck aus, das man auf dem Brett spannen kann?*

Mehrere Geobretter

Der parallele Einsatz mehrerer Geobretter erlaubt weitere Varianten:

- Ein Kind spannt eine Figur vor, das andere Kind versucht, die gleiche Figur nachzuspannen.
- Etwas anspruchsvoller ist die Aufgabe, das Spiegelbild der Figur nachzuspannen. Dabei ist es sinnvoll, zwei Geobretter aneinander zu legen und die angrenzenden Seiten als Spiegelachse zu verwenden.
- Zwei Kinder spannen die gleiche Figur. Ein Kind spannt seine Figur geringfügig um, das andere macht das an seiner Figur nach – und spannt selbst wieder um …
- Aus vier Geobrettern wird ein neues, größeres Quadrat gelegt. Man hat nun ein größeres Geobrett. Darauf kann man entweder ein größeres Bild bzw. Muster erzeugen, oder man kann die anstoßenden Kanten als Symmetrieachsen verwenden und mehrfach spiegelsymmetrische Figuren spannen.

Aus der Praxis

Beobachtete Aktivitäten im freien Tun

- Typischerweise werden zu Beginn von den Kindern figürliche Gegenstände wie Häuser oder Fahrzeuge gespannt, bald darauf schon abstrahierte Blumen, Tiere und Ähnliches.
- Die „Ideenwanderung" von einem Kind zum anderen findet bei diesem Medium ziemlich rasch statt, sobald mehrere Kinder mit je einem eigenen Brett zusammen an einem Tisch sitzen.
- Ältere Kinder versuchen häufig, Ziffern oder Buchstaben zu spannen.

Beobachtungen zum Material

- Die von uns verwendeten Geobretter hatten eine Rückseite mit kreisförmig angeordneten Zapfen, die von den Kindern gerne zum Spannen von „Gesichtern" und „Spinnennetzen" verwendet wurden.
- Als besonders praktisch erwies sich, dass die Zapfen abgeflacht waren und oben einen leichten Überstand hatten, sodass die Gummis nicht wegrutschten.

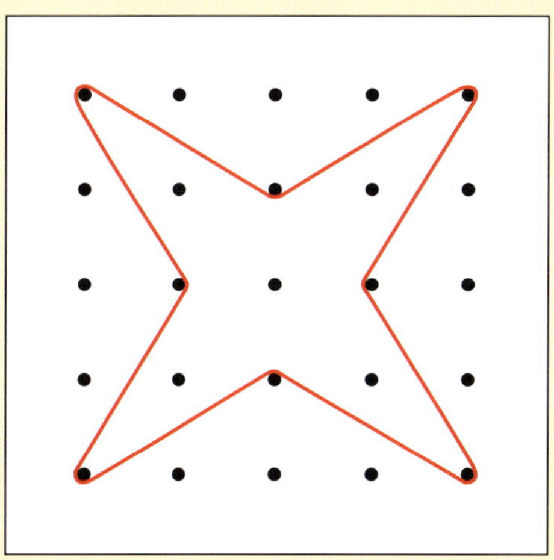

Tipps und Hinweise

- Legen Sie schon zu Beginn immer Gummis in mehreren Farben und Größen bereit.
- Mindestens vier Geobretter sollten gleichzeitig zur Verfügung stehen.
- Regen Sie Kinder dazu an, Bilder „nachzubauen".
- Animieren Sie die Kinder dazu, ihre Bilder auf Papier zu übertragen.
- Sprechen Sie mit den Kindern über die entstandenen Formen und üben Sie mit ihnen die passenden Begriffe.

Kommentierte Beispiele

Beispiel 1:

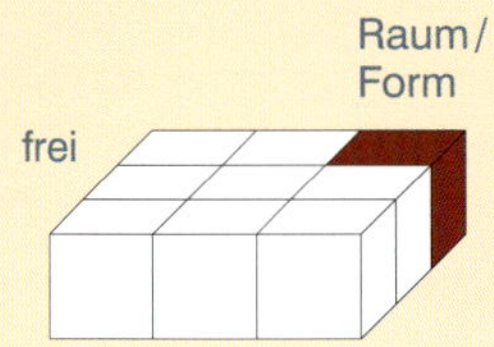

Sven und Julian nehmen sich je ein Geobrett und spannen Figuren. Sven spannt ein Dreieck und eine Gerade. Er nennt es *Dreieck-Strich*. Er fügt eine weitere Gerade hinzu und bezeichnet das Werk als *Dreieck-Strich-Strich*. Julian spannt ebenfalls ein Dreieck und eine Gerade (die das Dreieck schneidet) und erklärt: *Pfeil und Bogen*. Dann fügt er hinzu: *Der Pfeil braucht noch eine Spitze: ein Dreieck.*

Kinder probieren Fachausdrücke aus, indem sie sie innerhalb eines vertrauten Zusammenhangs verwenden. Sie setzen ihre konkrete Erlebniswelt mit ihrer abstrahierenden Vorstellungswelt in Bezug und erweitern dabei auch ihre Sprachkompetenz.

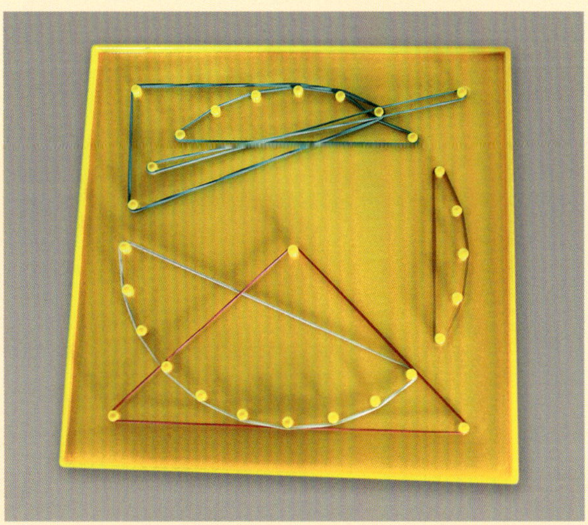

Beispiel 2:

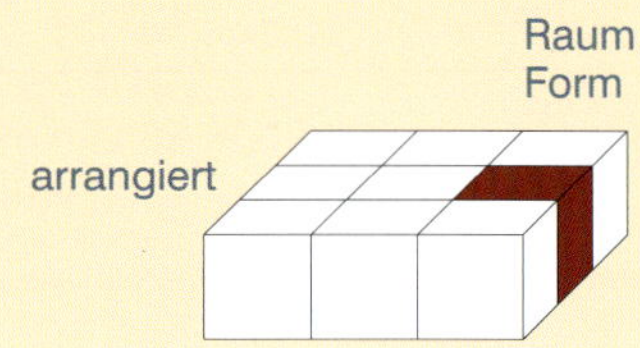

Mira spannt ein Bild und zeichnet dieses auf dem „Nagelmusterblatt“ nach. Das Brett wird weggeräumt, das Blatt ebenfalls. Einen Tag später nimmt Tobias das Blatt und ein leeres Brett und baut Miras Bild nach.

Beispiel 3:

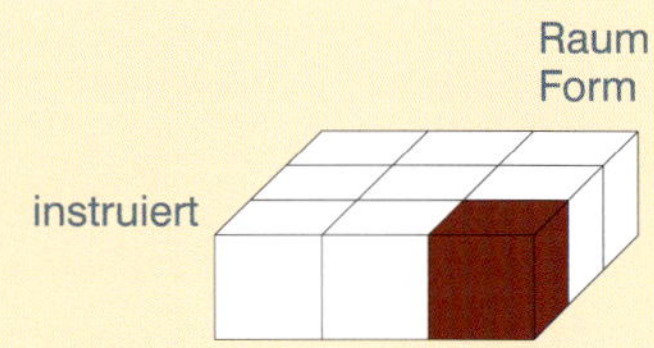

Jonathan spannt ein symmetrisches Bild nach. Als er fertig ist, verändert er die Lage eines Gummis. Er betrachtet das Bild und beseitigt die Störung der Symmetrie dadurch, dass er die Lage eines weiteren Gummis entsprechend ebenfalls verändert. Dieses „Spiel“ geht weiter: Symmetrie wird zerstört und neu geschaffen. Dabei verändert sich das ursprüngliche Bild immer mehr. Man kann Symmetrie als eine Beziehung zwischen zwei Seiten („spiegelgleich“) betrachten.

Geometrische Körper

Vorschläge zur Beobachtung

Bauen

- Werden die Körper als „Bauklötze“ verwendet? Welche Bauwerke entstehen dabei?
- Wählen die Kinder hierzu gezielt Teile aus?

Ordnen

- Werden die Körper geordnet?
  - nach der Größe?
  - nach der Zahl der Ecken?
  - nach der Form?
  - nach „spitzen“ und „nicht spitzen“ Körpern?
  - nach anderen Eigenschaften? Welchen?

Experimentieren

- Probieren die Kinder Eigenschaften der Körper aus? Werden sie beispielsweise gerollt, als „Würfel“ verwendet, oder werden mit den Fingern Ecken, Kanten und Flächen ertastet?

Geometrische Körper und Sprache

- Welche Begriffe verwenden die Kinder für die geometrischen Körper?
- Kennen sie Begriffe/erfinden sie eigene?

Anregungen, die Körper als „Bauklötze" zu verwenden

- Geben Sie den Kindern „Bauaufträge" (als Einzel- oder Gruppenarbeitsauftrag), z. B.:
  - *Baut ein „Schloss" mit allen Teilen.*
  - *Baut einen möglichst hohen Turm.*
  - *Baut nur mir runden / eckigen Teilen. Wählt genau 10 Teile aus und baut ein Bauwerk eurer Wahl.*
- Lassen Sie im Anschluss die Kinder die verwendeten Teile benennen und das entstandene Bauwerk beschreiben.
- Fordern Sie die Kinder dazu auf, ihre Konstruktionen abzubilden.

Ordnen

- Stellen Sie möglichst unterschiedliche Körper in großer Anzahl auf den Tisch.
- Regen Sie die Kinder dazu an, die Körper zu ordnen:
  - frei
  - nach Farben
  - nach Spitzen, Ecken, Flächen

Körper untersuchen

- *Probiert aus, was man mit den Körpern alles machen kann.*
- Geben Sie den Kindern „Untersuchungsaufträge":
  - *Welche Teile rollen gut, mit welchen kann man würfeln? Welche kann man auf den Kopf stellen?*
  - *Welche sehen von allen Seiten gleich aus, welche nicht?*
  - *Beklebt die Seitenflächen mit Klebepunkten. Für welche Körper benötigt ihr viele, für welche nur wenige Klebepunkte?*
- In diesem Zusammenhang können sie auch über Flächen, Kanten und Ecken der Körper sprechen. Achten Sie darauf, dass die Kinder die Körper nicht nur anschauen, sondern auch intensiv taktil erfahren.

Erkennen und beschreiben

- Verschiedene Körper werden in ein „Fühlsäckchen" gelegt. Fordern Sie die Kinder auf, einzelne Körper durch bloßes Ertasten zu identifizieren.
- *Versucht, einen bestimmten geometrischen Körper so zu beschreiben, dass die anderen ihn erkennen können.*
- Spiel „Schnapp": Die Lernbegleiterin beschreibt einen Körper, z. B. „den blauen Würfel"; die Kinder versuchen nun, sich den beschriebenen Körper so schnell wie möglich zu „schnappen".
- Spiele nach den Prinzipien von „Mikado" oder „Jenga": Konstruktionen aus geometrischen Körpern werden Stück für Stück von den Kindern abgebaut bzw. aufgebaut, ohne dass einzelne Teile umkippen dürfen. Dabei sollen die verwendeten Teile immer benannt werden.

Aus der Praxis

Beobachtete Aktivitäten im freien Tun

- Die Begriffe „rund“, „eckig“ und „Ecken“ werden von den Kindern in Bezug auf die Körper verwendet.
- Würfel und Quader werden oft als „viereckig“ klassifiziert.
- Beim Bauen mit den geometrischen Körpern entdeckten die Kinder die „Sonderrolle“ der Spitzkörper Kegel und Pyramide. Sie erfanden für Pyramide und Kegel die Ausdrücke „Viereck-Berge“ und „Kreis-Berge“.
- Die Gegenstände wurden mit Alltagsgegenständen verglichen („Wurst“, „Treppe“, „Kasten“, „Schachtel“, „Dose“).

Beobachtungen zum Material

Ältere mögen sich an Material aus der Zeit der Mengenlehre erinnert fühlen, doch wirken die dreidimensionalen Körper weniger „künstlich“ als die damals verwendeten „logischen Blöcke“. Fröbel-Anhänger erkennen natürlich leicht die Verwandtschaft zu seinen „Spielgaben“, doch sind die geometrischen Körper wesentlich vielseitiger.

Tipps und Hinweise

- Es gibt auf dem Markt massive Körper aus Kunststoff und aus Holz. Letztere kann man sich eventuell auch selbst herstellen (lassen).
- Hohlkörper aus Kunststoff oder Metall lassen sich auch gut mit den Messbechern kombinieren.
- Variationen in Farbe und Größe sind reizvoll, aber nicht zwingend notwendig.
- Ein Stoffsäckchen mit Kordel als „Fühlsäckchen“ ist eine sinnvolle Ergänzung.
- Für das Freispiel sind mehrere Sets empfehlenswert, dabei sollte aber ein festes System zum Aufräumen vereinbart werden.
- Mit Knetmasse lassen sich die Körper nur annähernd nachbauen, besonders Ecken und Kanten sind ohne Messer kaum zu gestalten.
- Fordern Sie die Kinder dazu auf, ihre „Bauwerke“ auf Papier festzuhalten; dabei können die Körper als „Schablonen“ fungieren.

Kommentierte Beispiele

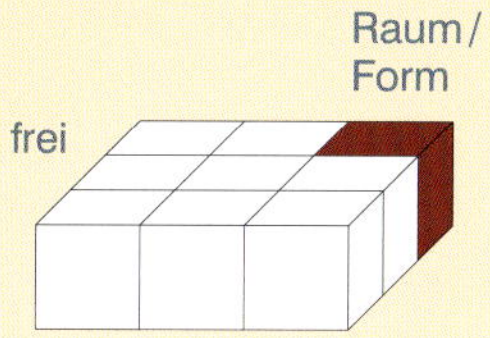

Beispiel 1:
Myriam und Selim versuchen, Zylinder oder Kegel zu stapeln. Es funktioniert nicht: Man kann sie nur als „Spitze“ verwenden. Aus der Anwendungsorientierung entstehen die Kategorien „stapelbar“ und „nicht stapelbar“, die zur Klassifikation beliebiger Gegenstände verwendet werden können, aber auch zur Unterscheidung zwischen Prismen und Spitzkörpern .

Beispiel 2:

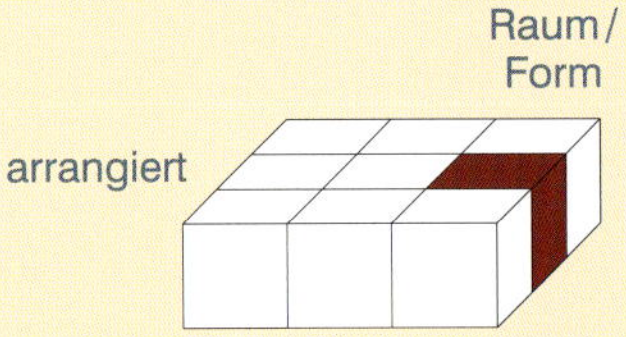

Beim Ertasten von Körpern im „Fühlsäckchen“ wird die Aufmerksamkeit auf die Formeigenschaften der Körper konzentriert, die Farbe spielt keine, die Größe nur eine untergeordnete Rolle (Unterstützung der Abstraktion). Außerdem wird die Differenzierung der Sprache gefördert, wenn z. B. „rund“ für Kugel, Zylinder und Kegel verwendet wird.

Beispiel 3:

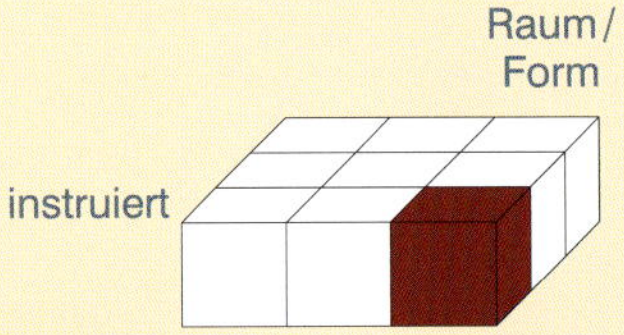

Katrin erhält den Auftrag, die Körper zu sortieren. Zuerst bildet sie eine Ansammlung aller roten Körper, dann eine Ansammlung aller Kegel. Den roten Kegel legt sie zu den roten Körpern. Auf die Frage der Erzieherin, ob denn der rote Kegel nicht auch zu den anderen Kegeln gehört (wobei der Begriff „Kegel“ nicht verwendet wird), sagt sie zunächst *nein, der gehört hierher* (und zeigt auf die rote Gruppe). Dann, nach einer kurzen Pause: *Eigentlich bräuchte ich den zweimal*.

Man erkennt, wie sich die für Kinder sehr anspruchsvolle Klassifikation nach zwei unabhängigen Merkmalen herausbildet.

AUSBLICK

Wie geht es weiter?

Der Kindergarten begleitet die Kinder auf dem Weg zur Schulfähigkeit und bereitet sie auch auf das schulische Lernen vor. Im Mittelpunkt steht der kontinuierliche Bildungsprozess des Kindes. Um einen „fließenden" Übergang vom Kindergarten in die Grundschule zu gewährleisten, ist es wichtig, dass die Bildungsarbeit von Elementar- und Primarbereich miteinander verzahnt wird.

MATHElino bietet die Möglichkeit, mathematische Lernanlässe im Kindergarten so auszugestalten, dass sowohl den institutionellen Rahmenbedingungen entsprochen wird, als auch – im Sinne anschlussfähigen Lernens – die Verknüpfungen mit zukünftigen mathematischen Lernsituationen stattfinden können.

Kinder kommen nicht als „ungebildete Wesen" in die Schule, sie bringen vielfältige Erfahrungen aus ihrem Alltag und eben vor allem auch aus dem Kindergarten mit. An diese gilt es anzuknüpfen und die Kinder ihren Fähigkeiten entsprechend zu fördern. Für viele Kinder bedeutet der Übergang in die Schule ein Bruch mit allem Vertrautem: „Freispiel" ist plötzlich nur noch in den Pausen erlaubt, „Freiarbeit" nur noch unter klar vorgegebenen Rahmenbedingungen möglich. Die häufig als enge Bezugsperson empfundene Erzieherin wird jetzt ersetzt durch Lehrerinnen oder Lehrer, die notwendigerweise eine größere Distanz zum Kind aufrecht erhalten – unter anderem, weil sie in ihrer Rolle früher oder später eine Leistungsbeurteilung vornehmen müssen. Natürlich sind Sechsjährige auch stolz, wenn sie zu den Schulkindern und eben nicht mehr zu den Kindergartenkindern gehören und grenzen sich auch bewusst von der „alten" Institution ab.

Dennoch greifen Kinder gerade in solch einer Umbruchzeit gern auf Vertrautes zurück, denn das Vertraute bietet immer auch Sicherheit und Kontinuität. Mit dem hier vorgestellten MATHElino-Konzept können beispielsweise die Materialien und die Art ihrer Aufbewahrung problemlos für dieses Vertraute stehen, das den Übergang in die Schule erleichtert – wenn ein aus dem Kindergarten vertrauter „Mathewagen" auch in der Grundschule zu finden ist:

Ein bewegliches Containerregal oder ein kleiner Schrank mit mathematikhaltigen Materialien (wir nannten ihn MaMa-Schrank, den Erzieherinnen

gefiel „Mathewagen“ besser) ist entsprechend des MATHElino-Konzepts nach den drei Kernbereichen „Zahl / Maß / Raum und Form“ unterteilt. Er kann sowohl im Kindergarten als auch im Anfangsunterricht der Grundschule flexibel eingesetzt werden. Die Materialien sind nicht festgelegt, sondern können variiert werden, sodass immer das Nebeneinander von Vertrautem und Neuem gegeben ist. Um Langeweile und Unterforderung zu vermeiden, ist es notwendig, neue Herausforderungen für die Kinder zu schaffen. Dies gelingt zum einen durch die Variation des Materials, vor allem aber durch veränderte, zunehmend komplexere und anspruchsvollere Aufgabenstellungen rund um das Material, die z. B. in Form von sogenannten „Forscheraufträgen“ (s. u.) im Klassenunterricht aber auch in Phasen des individualisierten Arbeitens eingesetzt werden können.

Die von uns erprobten Materialien sind zumeist typische Einfachmaterialien, wie die Spielwürfel oder Muggelsteine, die schon seit Jahrzehnten im Kindergarten ihren Platz haben. Ganz bewusst haben wir aber auch in der Schule verwendete didaktische Materialien, wie das Geobrett, ausgewählt. Ein anderes Beispiel ist das sogenannte Polydron-Material (vgl. Materialliste), das zum Bauen geometrischer Körper verwendet werden kann. Doch auch die anderen Materialien können vielfältig in der Schule eingesetzt werden.

Dies sollen abschließend zwei Beispiele zur Arbeit mit dem Material Muggelsteine verdeutlichen. In der Schule werden normalerweise recht unansehnliche Plastikplättchen verwendet. Dabei bieten die Muggelsteine eine höhere taktile Motivation und werden von den Kindern als ästhetischer empfunden. Muggelsteine eignen sich hervorragend, um geometrische mit arithmetischen Erfahrungen zu verknüpfen. In der Mathematikdidaktik spricht man in diesem Zusammenhang von dem sogenannten „Zahl-Form-Aspekt“. Besonders interessant sind dabei „figurierte Zahlen“, also Zahlen bzw. Zahlenfolgen, die sich in einer geometrischen Anordnung darstellen lassen, wie z. B. die Quadratzahlen.

Beispiel „Blumenzahlen“

Sven stellt „Zahlensätze“ wie 1+2+3 oder 2×3 mit Hilfe von Muggelsteinen dar. Dabei entdeckt er die Zahl 7 als eine „Blumenzahl“ – und damit die **figurierten Zahlen**. Anschließend bildet er seine Ergebnisse auf Papier ab:

Lea ist von den Blumen fasziniert, übernimmt die Idee und entwickelt sie weiter. Sie entdeckt: *6 Blumen passen genau herum …*

Sie legt insgesamt 7 Kreise mit je 7 Steinen und erzeugt damit eine „schöne" Darstellung der Quadratzahl 49. Das bringt sie weiter zu der Frage, ob man auch andere größere Zahlen „schön" darstellen kann.

„Forscheraufträge" zu den figurierten Zahlen

- *Lege möglichst viele verschiedene Zahlbilder zur Zahl 15. Skizziere deine Ergebnisse.*
- *Die 15 kann man auch als eine „Dreieckszahl" bezeichnen. Lege und erkläre.*
- *Weitere Dreieckszahlen sind z. B. die 10 und die 21. Finde noch mehr Dreieckszahlen. Lege sie mit den Muggelsteinen.*
- *Schreibe die Dreieckszahlen geordnet auf. Findest du eine Regel?*
- *Lege jetzt mit den Muggelsteinen verschiedene Vierecksbilder. Schreibe deine Entdeckungen auf. Findest du auch hier Regeln?*

Beispiel „Dreieckszahlen"

Die Zahlen 3, 6, 10, 15, 21 usw. lassen sich als Dreiecke darstellen. Mit Hilfe der Muggelsteine und von vorbereiteten Forscheraufträgen sollen die Kinder diese Dreieckszahlen selbst entdecken. Dabei arbeitet zunächst jedes Kind allein. Anschließend tauschen sie ihre Ergebnisse mit einem Partner / einer Partnerin aus. Im Plenum werden die Ergebnisse dann vorgestellt und besprochen.

Vielleicht bietet dieses Buch Anlass zum Austausch zwischen den Institutionen. Ausgehend von einem konkreten Material können Erzieher/innen und Grundschullehrer/innen sich entsprechende Lernarrangements gegenseitig vorstellen und sie in ihrem Bereich erproben. Denn beide verbindet schließlich eine gemeinsame Aufgabe: Kinder auf ihren mathematischen Entdeckungsreisen kompetent und konstruktiv zu begleiten.

Materialliste

Folgende Materialien bieten sich zur Bestückung eines Mathematik-Regals bzw. eines „MaMa-Schranks“ an:

Kernbereich Zahl

- Bunte Augenwürfel aus Holz
- Transparente Muggelsteine
- Mathe-Käfer
- Ein Sack voller 1-Cent-Münzen
- Sammlung von Knöpfen, Steinchen, Kastanien u. Ä.
- Eierkartons mit Plastikeiern

Kernbereich Maß

- Bunte Stäbe und/oder Messwürmer
- Seilreste verschiedener Längen
- Messbecher
- Sanduhren
- Waage mit Gewichten
- Maßbänder

Kernbereich Raum und Form

- Geobretter
- Patternblocks
- Körpermodelle aus Holz oder Plastik
- Steck- und/oder Holzwürfel
- Polydron
- Streckenpuzzle
- Handspiegel

Bezugsquellen für die eigens als „didaktische“ entwickelten Materialien finden Sie in großer Zahl im Internet. Hinweise dazu auch auf den Seiten *mathelino.de* und *mathelino.ch*

Literaturverzeichnis

Aebli, Hans
Denken: das Ordnen des Tuns.
Stuttgart 2001

Dienes, Zoltan
Schulmathematik als Bildungsfach.
Freiburg im Breisgau/Basel/Wien, Herder 1967.
Hier S. 19

Freudenthal, Hans
Mathematik – eine Geisteshaltung.
In: Grundschule, Jg. 14, Heft 4.
Braunschweig 1982. Hier S. 141

Lee, Kerensa
Kinder erfinden Mathematik. Das Konzept mit gleichem Material in großer Menge.
Killiansroda 2010

Royar, Thomas
Die Käferschachtel. Mathematische Frühförderung mit dem Käfer Mathilde (Handbuch A5, 150 Karten, 1 großes Käferbild A3 und 12 schwarze Käferpunkte). Buxtehude 2007

Wittmann, Erich Ch.
Was ist Mathematik und welche pädagogische Bedeutung hat das wohlverstandene Fach für den Mathematikunterricht auch in der Grundschule?
In: Baum, M. und Wielpütz, H. (Hg.): Mathematik in der Grundschule. Ein Arbeitsbuch. Seelze 2003. Hier S. 26

Wittmann, Erich Ch.
Eine Leitlinie für die Unterrichtsentwicklung vom Fach aus: (Elementar-)Mathematik als Wissenschaft von Mustern. In: Der Mathematikunterricht Nr. 2/3 05, Seelze 2005. Hier S. 14f

Abbildungsnachweise

Cover, alle Motive: © Erika Ehret
Seite 8, Kastanien: www.wikipedia.org, © Benjamin Gimmel,
This work is licensed under the Creative Commons
Attribution-ShareAlike 3.0 License (http://creativecommons.org/licenses/by-sa/3.0/)
Kind legt Kastanienreihen: © Christine Streit
Seite 10, Kinder mit Kastanien: © Christine Streit
Seite 12, Kinderzimmer: © Marco Kalbe / Shotshop.com
Seite 13, Buchstaben: © vesilvio / iStockphoto
Seite 14, Ordnung: © J. Müllek / Digitalstock
Seite 19, Teller mit Keksen: © Thomas Royar
Seite 24, Junge baut mit Lego: © Poznyakov / Shutterstock Images
Seite 26, Gummibärchen: www.wikipedia.org, © Bernd Boscolo / pixelio.de;
Bauklotzkonstruktion: © Kerensa Lee;
Mädchen vor Messlatte: © Eric Michaud / iStockphoto
Seite 27, Gummibärchen: © Alfred Hutter;
Bauklotzkonstruktion: © Kerensa Lee;
Messlatte: © Wajopi / Digitalstock
Seite 33, Kinderzeichnung: Archiv Royar / Streit
Seite 41, Käferkarten: © Thomas Royar
Seite 43, Messbecher: © Thomas Royar
Seite 47, Freisteller Stäbe: © Friedrich Verlag
Seite 51, Freisteller Seile: © Friedrich Verlag
Seite 55, Freisteller Patternblocks: © Friedrich Verlag
Seite 63, Freisteller geometrische Körper: © Friedrich Verlag
Seite 66, Fühlsäckchen: © Alex Hinds / Shutterstock Images;
geometrische Körper: © Thomas Royar
Seite 68, Kinderzeichnung: Archiv Royar / Streit
Seite 69, Blumenzahl aus Muggelsteinen: © Thomas Royar
Rückumschlag, Autorenporträts: privat

Alle anderen Fotos: © Erika Ehret, Breisach